小化工产品配方与制备

孙玉绣　张国刚　冯　雪　等编写

中国纺织出版社

内 容 提 要

本书根据小化工厂可生产、易销售的特点，编者参考近年的期刊、图书、专利等，从数千产品中筛选了 400 多个化工小产品汇编成册。内容涉及日常生活及工农业领域的多种产品。在介绍每个产品时，尽可能详细叙述配方原料、制备方法及产品特点，所选产品不涉及剧毒或毒性较大及破坏环境的产品。本书采用的配方可操作性强，原料来源广泛、价格低廉，附加值高。

本书可供从事小化工产品生产的技术人员以及寻求小项目投资的人士阅读和参考。

图书在版编目（CIP）数据

小化工产品配方与制备/孙玉绣等编写. −− 北京：中国纺织出版社，2015.11（2019.1 重印）

ISBN 978 − 7 − 5180 − 1971 − 7

Ⅰ.①小… Ⅱ.①孙… Ⅲ.①化工产品—配方 ②化工产品—制备 Ⅳ.①TQ062 ②TQ072

中国版本图书馆 CIP 数据核字（2015）第 221376 号

策划编辑：范雨昕　　责任校对：梁　颖
责任设计：何　建　　责任印制：何　建

中国纺织出版社出版发行
地址：北京市朝阳区百子湾东里 A407 号楼　　邮政编码：100124
邮购电话：010—67004461　传真：010—87155801
http://www.c-textilep.com
E-mail:faxing@c-textilep.com
中国纺织出版社天猫旗舰店
官方微博 http://weibo.com/2119887771
北京虎彩文化传播有限公司印刷　各地新华书店经销
2015 年 11 月第 1 版　2019 年 1 月第 2 次印刷
开本：880*1230　1/32　印张：8.5
字数：228 千字　定价：68.00 元

前　言

　　小化工产品广泛应用于各行各业,具有品种多、更新换代快、技术密集度高、附加值高、专业性强、投资省、产量小、大多以间歇方式生产的特点。由于其中大多数产品为复配性产品,故配方等技术决定其产品性能,因而成为开发新产品及提高产品质量的关键技术。

　　本书的编者长期从事化工配方研究的相关工作,十余年来一直关注该领域的国际、国内发展动向。目前,国内外的小化工产品配方研究又十分活跃,尤其是绿色环保工艺方面取得了长足的进步。本着与时俱进的指导思想,编者以实用、高效、新型、环保为原则,根据对小化工产品研究及应用的实践经验,并参阅了许多专业期刊、图书、专利等文献资料,编写了本书。力求能较好地反映当前各行业小化工产品配方研究的动向、最新成果及最新应用工艺,故对读者会有较大的参考价值。

　　本书列举的配方,大多对制作工艺及使用方法作了说明,但因配方技术保密性强,故给出的配方配比多为范围值,这需要读者进行进一步的摸索。为了方便读者获得更多的信息,本书还介绍了一些配方的出处。受篇幅所限,书中未能全部列出,在此对原作者表示衷心的感谢。在需要时,读者可进一步查阅或与有关单位联系。另外,由于化学实验具有潜在的危险性,故读者应在充分了解原料的属性、实验的特点的基础上,方可进行试验。

　　本书由天津师范大学的孙玉绣、河北科技大学的张国刚和冯雪以及王志哲、胡悦立、曹以靓、靳晴、贾瑶瑶、郭超、王鑫、栗晓辰等同志依据专业所长,共同编写而成。全书由孙玉绣负责统稿。由于作者水平有限,书中可能存在疏漏或欠妥之处,诚冀广大读者和同仁批评指正。

孙玉绣

2014 年 8 月

天津师范大学化学学院

目　录

一、日用小化工产品

二、农用小化工产品

三、工业用小化工产品

一、日用小化工产品

（一）杀菌、消毒剂

实例1. 家用消毒剂

原料	配料比（质量份）
三氯异氰尿酸	20~30 份
乙醇	0~50 份
亚氯酸盐	1~3 份
丙三醇	1~2 份
戊二醇	1~3 份
聚丙烯酸	0.1~0.8 份
水	补足100 份

制备方法：将各组分按照所述比例以该类产品常规方法制备。

产品特点：本品配方合理，消毒效果好，生产成本低。可用于手及物品的消毒。

实例2. 家庭环境清洗消毒剂

原料	配料比（质量份）
硫酸氢钾复合粉	1~10 份
高锰酸钾	2~8 份
碳酸钠	6~8 份
乙醇	1~6 份
蒸馏水	100 份

制备方法：将各组分按照所述比例以该类产品常规方法制备。

产品特点：本品制备简单，效果明显，对人体无害，使用时用量少。

实例 3. 家居消毒剂

原料	配料比（质量份）
苍术	1～5 份
依地烯醇	1～3 份
肉桂油	0.3～1 份
乙醇	补足 100 份

制备方法：将各组分按照所述比例以该类产品常规方法制备。

产品特点：本品配方合理，使用效果好，生产成本低。

实例 4. 复合消毒剂

原料	配料比（质量份）
氯己啶	0.1～3 份
抗菌性基础中药	0.1～1 份
薄荷精提物	1～3 份
乙醇	66 份以上
水	补足 100 份

制备方法：将各组分按照所述比例以该类产品常规方法制备。

产品特点：该产品包含表面活性剂或含氯化合物为主、中草药提取物为辅制成的复合消毒剂，具有消毒、杀菌、清热之功效。

实例 5. 高效环保消毒剂

原料	配料比（质量份）
烷酸钠增溶剂	0.01～6 份
仲烷基活性剂	0.01～8 份
月桂基氧化胺	0.1～30 份
荧光增白剂	0.002～1 份
三聚磷酸钠	0.02～1 份
聚丙烯酸	0.01～6 份
次氯酸钙溶液	39～99.848 份

制备方法：将各组分按照所述比例以该类产品常规方法制备。

产品特点：本品生产工艺简单、高效、环保、使用量少、消毒杀菌力强、无残毒、没有二次污染,可用于医疗器械、环境的消毒,卫生防疫,提供良好的保障。

实例6. 洗涤消毒剂(1)

原料	配料比(质量份)
次氯酸钠	62.5~75 份
脂肪醇聚氧乙烯醚	0.2~0.5 份
十二烷基苯磺酸钠	5~7.5 份
氢氧化钠	2~3 份
硅酸钠	1.5~2.8 份
碳酸钠	1~1.5 份
氯化钠	0.6~1 份
水	补足100 份

制备方法:将各组分按照所述比例以该类产品常规方法制备。

产品特点:本产品生产工艺简单,成本低,性能稳定,具有洗涤和消毒两种功能,杀菌有效期可达十八个月以上。

实例7. 洗涤消毒剂(2)

原料	配料比(质量份)
壬基酚乙氧基化物	5~10 份
十二烷基二甲基氧化胺	5~10 份
脂肪醇聚氧乙烯(30)醚	1~3 份
脂肪醇聚氧乙烯(6)醚	1~3 份
乙二醛	5~10 份
水	补足100 份

制备方法:将各组分按照所述比例以该类产品常规方法制备。

产品特点:本品使用效果好,生产成本低,环保无污染。

实例8. 杀菌消毒液(1)

原料	配料比(质量份)
苯酚	30~40 份

松油醇	30～40 份
氢氧化钠	2～5 份
蓖麻酸	1～3 份
氢氧化钾	2～10 份
水	补足 100 份

制备方法:将各组分按照所述比例以该类产品常规方法制备。

产品特点:本品兼具杀菌洗涤作用,价格低廉,安全无毒。

实例 9. 杀菌消毒液(2)

原料	配料比(质量份)
氢氧化钠	1～3 份
双十烷基二甲基氯化铵	0.5～1.5 份
食盐	2～3 份
戊二醛	5～8 份
异丙醇	2～5 份
聚四氢呋喃醚	4～7 份
助乳化剂	10～12 份
香精	2～3 份
水	15～30 份

制备方法:上述配方量将氢氧化钠、双十烷基二甲基氯化铵、食盐、戊二醛、异丙醇、聚四氢呋喃醚和助乳化剂加入水中,搅拌 60min,在温度 100℃下加热 50min,加入香精,冷却至常温时包装即可。

产品特点:本品可以有效用于计算机、电视机、相机、遥控器等电子产品的屏幕或外壳表面的杀菌消毒,清洁除污,同时具有香气怡人、挥发速度快、抗静电和使用方便等功效。

实例 10. 杀菌消毒液(3)

原料	配料比(质量份)
醋酸氯己定	0.05～0.1 份
甲硝唑	0.05～0.1 份
乙醇	2～6 份

薄荷脑	1~2 份
聚山梨酯 80	0.02~0.1 份
肉桂醛	0.01~0.05 份
蒸馏水	补足 100 份

制备方法:将各组分按照所述比例以该类产品常规方法制备。

产品特点:本品是一种用于计算机、手机、相机、遥控器、计算器等电子产品的屏幕或外壳表面杀菌消毒,清洁除污。

实例 11. 杀菌消毒清洁剂

原料	配料比(质量份)
十二烷基二甲基苄基氯化铵	10~20 份
戊二醛	5~10 份
EDTA	1~5 份
水	补足 100 份

制备方法:将各组分按照所述比例以该类产品常规方法制备。

产品特点:本品配方合理,使用效果好,生产成本低。

实例 12. 复合型消毒清洗剂

原料	配料比(质量份)
烷基二甲基苄基氯化铵	0.5~0.7 份
辛基癸基二甲基氯化铵	0.3~0.5 份
二辛基二甲基氯化铵	0.1~0.2 份
二癸基二甲基氯化铵	0.2~0.3 份
烷基胺类化合物	0.5~2 份
胍类化合物	0.3~1.5 份
渗透剂	10~20 份
表面活性剂	5~10 份
螯合剂	0.1~0.6 份
香精	0.05~0.1 份
pH 调节剂	适量
去离子水	补足 100 份

制备方法:制备过程为常用的日化产品复配法,在釜温达到 50 ~ 55℃和搅拌速度为 80r/min 下,依照加料顺序加入混合制备,一般制备过程先加入计量好的去离子水,然后加入复合季铵盐、烷基胺类及胍类等化合物使其完全溶解;再依次加入表面活性剂和渗透剂,最后加入螯合剂,pH 调节剂和香精;将产品 pH 调节为 8 ± 0.5。产品经过滤分析合格后泵入成品高位槽,在灌袋机上放入洁净空瓶开始灌装和拧盖,打码,装箱,打包入库。产品清晰透明,pH 为 8 ~ 9,经过冷热稳定性试验后,产品无沉淀、无分层现象。

产品特点:本品在杀菌消毒的同时具有良好的清洗效果,应用领域广泛。

实例 13. 杀菌洗涤剂

原料	配料比(质量份)
椰油脂肪酸	10 ~ 25 份
妥尔油脂肪酸	10 ~ 20 份
乙二醛	2 ~ 8 份
EDTA	2 ~ 5 份
氢氧化钾	1 ~ 3 份
三氯异氰尿酸	10 ~ 20 份
水	补足 100 份

制备方法:将各组分按照所述比例以该类产品常规方法制备。

产品特点:本品配方合理,杀毒与洗涤使用效果均佳,生产成本低。

实例 14. 地毯杀菌洗涤剂

原料	配料比(质量份)
七水合硫酸镁	4 ~ 14 份
椰子油酸	5 ~ 13 份
N – 硅酸盐	1 ~ 9 份
甲苯酸苯酯	2 ~ 6 份
硅酮消泡剂	3 ~ 7 份
异丙醇	1 ~ 11 份

制备方法:将各组分按照所述比例以该类产品常规方法制备。

产品特点:本品能够去除地毯上的各种细菌和有害物质,还能保持地毯不变形。

实例 15. **液体杀菌洗涤剂**

原料	配料比(质量份)
脂肪醇硫酸钠	3~8 份
茶籽粉	10~15 份
脂肪醇聚氧乙烯醚	5~10 份
硬脂酸二甲基辛基溴化铵	4~8 份
三聚磷酸钠	3~5 份
活性甘宝素	3~5 份
香精	0.1~0.2 份
色素	0.05~0.1 份
水	50~55 份

制备方法:在带有搅拌器的容器中加入水、活性甘宝素,使其全部溶解后再加入脂肪醇硫酸钠、茶籽粉、脂肪醇聚氧乙烯醚、硬脂酸二甲基辛基溴化铵、三聚磷酸钠,充分搅拌使其混合均匀,将混合液静置10min 后进行过滤,在滤液中加入香精、色素,混匀后即制得所述液体杀菌洗涤剂。

产品特点:本品配方科学合理、去污力强,通过在洗涤剂中加入消毒杀菌剂,使洗涤剂具有消毒杀菌之功效,同时对皮肤和衣物等不会造成损害。

实例 16. **妇女专用消毒液克痒舒**

原料	配料比(质量份)
艾叶	0.5~0.8 份
蛇床子	1~2 份
大黄	0.1~0.2 份
黄柏	2~6 份
苍术	0.2~0.3 份

降香	0.01～0.03 份
紫草	0.02～0.06 份
冰片	0.1～0.3 份
薄荷脑	0.1～0.3 份
度米芬	1～2 份
醋酸洗必泰	0.1～0.5 份
壬苯醇醚	3～7 份
苯甲酸	适量
水	1000 份

制备方法:将艾叶、蛇床子、大黄、黄柏、苍术、降香、紫草用60%以上的乙醇水溶液萃取,向萃取液中投入冰片、薄荷脑、度米芬、醋酸洗必泰和壬苯醇醚溶解后用水稀释至一定浓度再用苯甲酸调 pH 至 4～6.5 即得。

产品特点:本品对外阴瘙痒、红肿、霉菌性、滴虫性、非特异性阴道炎、宫颈炎等妇科疾患,总有效率为92%,痊愈率达70%以上。外观无色透明,有薄荷芳香味,对皮肤和黏膜无刺激性疼痛,亦无过敏反应,不污染内裤。

实例 17. 手部皮肤护理消毒液

原料	配料比(质量份)
醋酸氯己定	0.1～0.15 份
丙三醇	2～5 份
乙醇	3～10 份
脂肪醇醚	0.3～1 份
维生素 E	0.01～0.1 份
黄酮类化合物	0.01～0.05 份
蒸馏水	补足 100 份

制备方法:将各组分按照所述比例以该类产品常规方法制备。
产品特点:本品消毒液杀菌、润肤,保护手部皮肤效果佳。

实例 18. 食品设备清洗消毒剂

原料	配料比(质量份)
氢氧化钠	6 ~ 10 份
山梨醇	5 ~ 9 份
乙醇	4 ~ 8 份
抗菌肽	0.01 ~ 0.1 份
蒸馏水	100 份

制备方法:将各组分按照所述比例以该类产品常规方法制备。

产品特点:本品利用生物消毒材料抗菌肽,对食品设备表面的有害微生物的杀灭效果显著,不含对人体危害大的化学物质,制备简单易得。

实例 19. 餐具清洗消毒剂

原料	配料比(质量份)
十二烷基苯磺酸钠	5 ~ 8 份
椰子油酸二乙醇酰胺	3 ~ 6 份
氢氧化钠	1 ~ 3 份
硫酸钠	3 ~ 6 份
聚氧乙烯醚	1 ~ 3 份
羟乙基纤维素	1 ~ 3 份
苯甲酸钠	3 ~ 6 份
山梨醇	10 ~ 20 份
香精	0.1 ~ 0.3 份
水	800 ~ 1000 份

制备方法:将各组分混合均匀,搅拌后即可得到产物。

产品特点:本品兼具消毒及清洗双重功能,原料丰富易得,工艺流程简单,使用方便,对人体无害。

实例 20. 防锈消毒剂

原料	配料比(质量份)
次氯酸钠	0.18 ~ 20 份

苯甲酸钠	0.3~0.4 份
钼酸钠	0.08~1 份
氢氧化钠	5~7.5 份
碳酸钠	0.3~0.5 份
氯化钠	0.6~1 份
水	69.6~78.72 份

制备方法:将各组分按配料比混合均匀,搅拌后即可得到产物。

产品特点:本品能灭活乙型肝炎病毒,能杀死结核杆菌和细菌芽孢,而且不会使金属物品腐蚀生锈,能用于外科手术器械的灭菌处理。

实例21. 冰箱杀菌除臭剂

原料	配料比(质量份)
果皮颗粒	70~90 份
苦参粉	3~8 份
麝香草酚	2~5 份
山楂核颗粒	10~20 份
防腐剂	0.1~0.8 份

注:所述果皮颗粒为柚子皮或者柠檬皮颗粒中的一种或两种的混合物;所述防腐剂为丙酸钙、苯甲酸钠或者尼泊金酯中的一种。

制备方法:将各组分混合均匀,分装成小包,直接置于冰箱中即可。

产品特点:柚子皮或者柠檬皮具有海绵状结构,能有效吸除异味,并且两者具有天然的清香。麝香草酚的杀菌作用比苯酚强,且毒性低;山楂核颗粒中具有杀菌成分;苦参具有清热燥湿,杀虫杀菌的功效。将这些成分混合均匀,加入少量的防腐剂,即可制得冰箱杀菌除臭剂。使用时间长,无毒无副作用,且成本低,配制方法简单。

（二）除臭剂

实例22. 高效除臭剂

原料	配料比（质量份）
竹炭	15~20 份
去离子水	75~80 份
三聚磷酸钾	0.5~1 份
锰酸钾	5~10 份
过氧化氢	1~2 份

制备方法:将竹炭、去离子水、三聚磷酸钾、锰酸钾按比例配比,将混合物放入高温罐中经150℃高温蒸馏,然后将蒸馏液加入过氧化氢浓煎20min,待沉淀后进行过滤直至得到纯净的液体,等液体冷却后即得,分装后即可。

产品特点:本品具有高效持久除臭功能、原料简单、价格低廉。

实例23. 高效杀菌除臭剂

原料	配料比（质量份）
高锰酸钾	5~10 份
次氯酸钠	5~10 份
活性炭粉	15~20 份
多元醇	5~10 份
杀菌剂	3~8 份
硝酸盐	8~15 份
香精	5~8 份
水	25~45 份

注:所述多元醇为丙二醇、丙三醇或乙二醇中的一种或者几种;所述硝酸盐为硝酸银、硝酸锌或者硝酸铜中的一种或几种;所述杀菌剂为烷基吡啶盐酸盐或正辛基异噻唑啉酮。

制备方法:将各组分按照所述比例以该类产品常规方法制备。

产品特点:本品将化学除臭、吸附除臭及掩盖除臭配合使用,添加高浓度的杀菌剂,具有高效杀菌除臭能力,特别适用于臭味较重的大型处理厂。

实例24. 织物杀菌除臭剂

原料	配料比(质量份)
硫酸亚铁	5~8 份
氯化亚铁	3~6 份
马来酸酐	2~4 份
乳酸	3~6 份
松节油	1~3 份
乙醇	10~20 份
腐殖酸	1~3 份
香精	0.1~0.3 份
去离子水	80~120 份

制备方法:首先将松节油加入乙醇中,搅拌混合均匀;再将硫酸亚铁、氯化亚铁、马来酸酐、乳酸及腐殖酸加入去离子水中,搅拌混合均匀;将上述两步骤的产物混合,搅拌均匀;最后加入香精,搅拌混合均匀后,即可得到产物。

产品特点:本品能有效杀灭织物上的各种细菌,同时也能去除织物上的臭味;原料易得,制备工艺简单,成本低廉;无毒,无害,对人体及皮肤无任何刺激。

实例25. 植物源复配除臭剂

原料	配料比(质量份)
芦荟	4~6 份
麻籽	2~4 份
山梨酸	4~6 份
苦楝	4~6 份
苦参	2~4 份

制备方法:将上述原料混合,浸泡;蒸馏,收集馏分;加水稀释,搅

拌;再加水稀释,自然发酵,即得成品。

产品特点:本品采用植物源提取物复配技术制备,对人体和环境友好,无污染,具有较好的除臭效果,可用于环境除臭。

实例26. 浴室除臭剂

原料	配料比(质量份)
乙二醇	5~10 份
柠檬酸	5~7 份
肉桂油	3~5 份
对甲苯酚	1~2 份
油酸	0.5~1 份
香精	0.1~0.3 份
去离子水	80~90 份

制备方法:将各组分按照所述比例以该类产品常规方法制备。

产品特点:本品配方合理,生产成本低,具有无刺激性、无毒性、安全环保的室内外除臭剂,适用于浴室、厕所、厨房等场所的除臭和空气清新。

实例27. 纸泥及城市生活垃圾生物质环保再生能源除臭剂

原料	配料比(质量份)
母液:	
农冠芽孢杆菌	10~90 份
链霉菌	10~90 份
链球菌	10~90 份
假丝酵母菌	10~90 份

注:稀释剂为红糖水(5%~20%),母液与稀释剂的体积比为(1:200)~(1:50)。

制备方法:

(1)培养容器准备:在具有上部通气孔及下部进液孔的培养容器的中部设置具有细小空隙的网筛将所述培养容器分成上下两层;菌种的筛选及驯化:在所述培养容器的下层放入适量垃圾渗沥液,上层于

所述网筛上放置适量的从垃圾填埋场或造纸厂污泥堆放处附近采集
的土壤;将所述下部进液孔关闭密封;每隔一段时间通过喷淋装置从
所述上部通气孔向上层中的土壤喷洒水分以保持土壤的湿度;当所述
培养容器的下层放入的垃圾渗沥液减少时,将所述下部进液孔打开并
补充垃圾渗沥液后再加以封闭;将所述培养容器在室温下放置 60 ~
120 天,取出所述培养容器中的土壤并粉碎,将粉碎的土壤样品加入无
菌水中振荡,并按常规方法进行稀释;分别选择农冠芽孢杆菌、链霉
菌、链球菌、假丝酵母菌的培养基,对稀释后的土壤样品渗沥液分别筛
选出农冠芽孢杆菌、链霉菌、链球菌、假丝酵母菌进行培养;培养后的
培养液作为母液的各菌种。

(2)母液的制备:将上述对农冠芽孢杆菌、链霉菌、链球菌、假丝酵
母菌进行培养后的培养液与发酵液混合均匀,制成母液。

(3)除臭剂的制备:将母液与作为稀释剂的红糖水混合均匀,形成
除臭剂。

产品特点:本品可广泛应用于环保除臭领域。

实例 28. 清香除臭剂

原料	配料比(质量份)
蒸馏水	20 ~ 25 份
氯化锌	3 ~ 4 份
桉叶油	0.3 ~ 0.4 份
苹果酸	12 ~ 13 份
桃胶粉	2 ~ 3 份

制备方法:将各组分按照所述比例以该类产品常规方法制备。

产品特点:本品气味清香,具备清除空气中气味的功能,又不会对
人体有害,能够弥补传统的除臭剂存在的缺陷。

实例 29. 高效环保除臭剂

原料	配料比(质量份)
苯甲酸钠	5 ~ 20 份
三聚磷酸钠	1 ~ 5 份

四硼酸钠　　　　　　　　　　　　20～40份

柠檬酸钠　　　　　　　　　　　　5～30份

十二烷基苯磺酸钠　　　　　　　　30～50份

制备方法:将所有原料混合在一起充分搅拌,装袋即成成品。

产品特点:本品具有杀菌除湿、除臭、防腐、环保、无毒副作用,无二次污染,使用方便,操作简单,投资少,成本低,是目前日常生活中比较理想的环保型除臭剂。

实例30. 环保炼油废水除臭剂

原料	配料比(质量份)
高锰酸钾	50～60份
活性炭	20～30份
黏土	10～20份
含有金属离子 Pt^{2+} 的离子液体	2～7份

制备方法:将各组分按照所述比例以该类产品常规方法制备。

使用方法:在室温下,按炼油废水与除臭剂体积比2000∶(1～3),取除臭剂和炼油废水,加入浓硫酸,温度控制在20～30℃,反应时间为10～13h;向反应后的溶液中加入氧化钙,以除去水中的 Mn^{2+}、Pt^{2+} 金属离子,避免二次污染。

产品特点:本品操作简单,成本低,操作过程中未使用有机溶剂,对所得底泥进行无害化处理,可以循环利用,不会造成环境污染,对操作人员的健康无害。

实例31. 人体用除臭剂

原料	配料比(质量份)
4－羟基苯磺酸锌	3～5份
2－甲基－1,3－丙二醇	3～5份
乙酰化的羊毛酯醇	0.2～0.3份
香料香精	0.2～0.3份
乙醇	95～105份

制备方法:将各组分按照所述比例以该类产品常规方法制备。

产品特点:本品除臭效果好,并且健康环保。

实例32. 多用途清新除臭剂

原料	配料比(质量份)
茶末	300~600 份
芸香科植物果皮	50~200 份
活性炭	300~500 份

注:芸香科植物果皮为橘、橙、柠檬、广柑、柚、佛手、金橘、花椒的果皮。

制备方法:首先取得芸香科植物果皮,然后切碎,烘干,再捣碎成粉;取茶叶后烘干,磨成粉末;最后将茶末、芸香科植物果皮及活性炭混合磨成粉末,分成小包,即可使用。

产品特点:本品可作为除臭剂、汽车除臭剂,还可用作鞋垫的除臭药剂,可有效除臭,该除臭剂具有除臭时间长,见效快等优点,且使用方便。

实例33. 新型可视变色指示除臭剂

原料	配料比(质量份)
2,4 - 戊二酮	0.01~5 份
2,4 - 戊二醛	0.01~5 份
干燥剂	90~100 份

制备方法:将干燥剂粉碎、喷水、烘干,再粉碎过筛;将2,4 - 戊二酮与2,4 - 戊二醛混合;将以上步骤得到的两部分物料充分混合均匀、造粒、干燥,即得到变色指示除臭剂。

产品特点:其针对高湿空气中的主要臭气成分水—氨二聚体,在吸收水分的同时,使臭气成分发生反应,生成有色产物而产生对臭气的变色指示。可随着变色颜色的加深,通知用户及时更换新鲜的除臭剂,提高除臭效果。

实例34. 环保型室内外除臭剂

原料	配料比(质量份)
椰子油	35~55 份

肉桂油	3~12 份
松茅草油	0.1~1 份
叶绿素	0.2~2 份
薄荷油	0.2~2 份
柠檬酸	5~15 份
乙醇(95%)	40~60 份

制备方法:将乙醇与椰子油混匀,再加入肉桂油、松茅草油,高速搅拌使之乳化,再加入柠檬酸,最后将色素叶绿素和香料薄荷油加入,搅拌并使其均匀即可。

产品特点:本品配方科学合理,适用于浴室、厕所、厨房、垃圾箱、排水沟,也可将家禽家畜棚舍内的有机物腐败产生的有害气体迅速分解,短时间内有效祛除异味;它能消除由氨、硫化氢、甲基吲哚(粪臭素)等引起的臭气,并有显著的抑菌和空气清新作用。长期使用对环境不会产生二次污染,具有无刺激性、无毒性、安全环保的室内外除臭剂。

实例35. 家庭和公共场所除臭剂

原料	配料比(质量份)
硫酸铜	0.9~1.5 份
硫酸锌	0.8~1.2 份

注:硫酸铜可以用硫酸亚铁替代,硫酸锌可以用硫酸镁或高锰酸钾替代。

制备方法:将各组分按照所述比例以该类产品常规方法制备。

产品特点:本品主要应用于鞋袜、卫生间、尿盆、痰盂、家禽笼舍及公共环卫场所的除臭、杀菌及消毒。其用途广泛,实用性强,使用方便,本产品所采用的原料来源广泛,生产工艺温和,操作技术简单,投资少,成本低,是目前日常生活中比较理想的除臭用品。

实例36. 广效除臭剂

| 原料 | 配料比(质量份) |
| 汉生胶 | 0.1~0.2 份 |

脂肪醇聚氧乙烯醚硫酸酯（AES）	1~3 份
柠檬酸	25~35 份
EDTA 三聚磷酸钠	0.1~0.3 份
去离子水	65~70 份

制备方法:将各组分按照所述比例以该类产品常规方法制备。

产品特点:本品能有效去除口腔、腋下、手、脚、居室、卫生间、宠物、皮革厂、肉联厂、医院手术室、污物容器、粪便消纳站、垃圾消纳站、污水处理厂、公厕、化粪池等产生臭味的场合。

实例37. 高效羽绒除臭剂

原料	配料比（质量份）
A 组分：	
苯酚硫酸锌	5~10 份
乌洛托品	2~5 份
二甘醇	10~30 份
三甘醇	5~10 份
十二烷基硫酸钠	1~2 份
蒸馏水	10~20 份
B 组分：	
松油	5~15 份
脂肪醇聚氧乙烯醚磷酸酯	1~5 份
脂肪醇聚氧乙烯醚（AEO-9）	2~10 份
樟脑	1~5 份
BHT	0.05~2 份
太古油	20~40 份
乙醇	10~20 份

制备方法:将苯酚硫酸锌、乌洛托品、二甘醇、三甘醇、十二烷基硫酸钠加入蒸馏水中搅拌均匀即为 A 组分;将松油、脂肪醇聚氧乙烯醚磷酸酯、AEO-9、樟脑、BHT 加入太古油和乙醇的混合溶液中搅拌均匀即为 B 组分;将 A 组分加入 B 组分中搅拌均匀后静置 1~6h,然后过滤即可。

产品特点:利用 AEO 渗透润湿羽绒内外,协助苯酚硫酸锌、二甘醇脱除羽绒外表和较深层的致臭物质,并在乌洛托品、松油的作用下杀菌消毒防腐,还有一些增效剂、乳化剂、阻蚀剂、软化整理剂、抗氧化剂等协同作用,所以不但除臭效率高,而且羽绒的质构不受影响。本产品制备技术工艺设备简单,操作方便合理,用量少,效果好,具有很好的市场前景。

实例38. 有机固体废物除臭剂

原料	配料比(质量份)
脱乙酰壳多糖	0.2~1.2 份
乙酸	1~6 份
香料	0.01~0.03 份
水	93~98 份

制备方法:将各组分按照所述比例以该类产品常规方法制备。

产品特点:本产品涉及有机固体废物生产有机堆肥过程中的除臭处理剂。除臭剂按一定的比例加水稀释,制成喷洒液,在垃圾分选系统前的集料坑中加入,以后还可以在垃圾堆肥的运行过程中,在垃圾水分调节喷淋系统中补充除臭剂;可快速吸附、消除、掩盖垃圾中原有的恶臭气体,减少蚊蝇的滋生,改善堆肥厂分拣车间工作人员的工作环境。

实例39. 硫醇及胺类除臭剂

原料	配料比(质量份)
氧化铜	0.5~10 份
氧化锰	1~20 份
硝酸银	1~20 份

制备方法:将各组分按照所述比例以该类产品常规方法制备。

产品特点:该除臭剂中的氧化铜、氧化锰以及硝酸银的总含量为3~30 份,它可除去含有硫化氢、各种硫醇类、氨以及胺类等的各种恶臭成分,其除臭性能优异。

实例 40. 空气除臭剂

原料	配料比（质量份）
柠檬酸、乳酸、d-酒石酸中的任意一种	2~15 份
水	85~98 份

注：在上述组分中也可加入适量的腐殖酸。

制备方法：将上述各组分，在常温下混合，即构成除臭剂；也可把上述混合物在 200 目铜网上过滤后，即可使用。

产品特点：本品无毒、无臭、无腐蚀、无污染，而且有灭菌作用。把含有上述除臭剂的涂料涂在墙壁上，使除臭剂与空气中的恶臭保持长期接触，具有长久的除臭效果。

实例 41. 特效除臭剂

原料	配料比（质量份）
乙醇	2.5~7.5 份
橘皮	0.5~1.5 份
青竹叶	0.1~0.3 份

制备方法：按照上述组分混合、密封浸泡 6~10h，然后将浸泡液倒入密封瓶内，即制得液体特效除臭剂。

使用方法：只需将瓶内的除臭剂喷洒在公共场所中的发臭气体、发臭物、发臭场地，即各个需要除臭的地方即可。

产品特点：施用本品可使臭气马上清除，除臭效果好，还可用于室内气味、腐烂物、冰箱、卫生间的除臭及人体的口臭、腋臭。本品除臭外还有杀菌、消毒作用，使用方便，用途广泛，无毒、无害对人体无副作用。

实例 42. 畜禽养殖复合型植物除臭剂

原料	配料比（质量份）
水葫芦根粉	5~85 份
柑橘皮粉	5~85 份
毛竹粉	5~85 份
松针粉	5~85 份

制备方法:将上述材料采用常规方法干燥、粉碎和过筛,混合制备成粉剂或粒剂,可作为饲料添加剂使用。

产品特点:本产品的复合型植物除臭剂,在饲料中的添加量为饲料质量的 0.01~0.5 份,可从源头上控制畜禽养殖中臭气的产生,对氨气和硫化氢等物质的去除率达 85% 以上,从而改善畜禽养殖环境和生产能力。

实例 43. 复合除臭剂

原料	配料比(质量份)
二羟甲基硬脂酸甲酯	10~20 份
氯化锌	0.1~0.5 份
碳酸氢钠	补足 100 份

制备方法:将各组分按照所述比例以该类产品常规方法制备。

产品特点:本品配方原材料价廉易得,能用于多种情况的除臭。

实例 44. 除臭洗净剂

原料	配料比(质量份)
沸石	40~50 份
氧化镁	30~40 份
次氯酸钠	1~3 份
水	补足 100 份

制备方法:将各组分按照所述比例以该类产品常规方法制备。

产品特点:本品除臭洗涤效果好,适用于各种场合,造价低廉。

实例 45. 多用途除臭剂

原料	配料比(质量份)
椰子油皂	40~50 份
苹果酸	5~15 份
氯化镁	1~3 份
乙醇	补足 100 份

制备方法:将各组分按照所述比例以该类产品常规方法制备。

产品特点:本品配方合理,工作效果好,生产成本低。

实例 46. 广泛多用除臭剂

原料	配料比(质量份)
汉生胶	0.1~0.2 份
脂肪醇聚氧乙烯醚	1~2 份
硫酸酯	0.3~0.7 份
柑橘	20~40 份
柠檬酸	20~40 份
去离子水	50~70 份

制备方法:将各组分按照所述比例以该类产品常规方法制备。

产品特点:本品特别适用于家庭、工厂及医院的使用方便的多用途除臭剂。除臭剂对于口腔、腋下、手脚、居室、卫生间、宠物、皮革厂、肉联厂、养殖场、医院手术室、污物容器等被臭味污染的地方除臭。本品还能用于粪便处理站、垃圾处理场、污水处理厂、公厕、化粪池等场合除臭。使用安全,效果好,造价低,给人们提供了安全清新的生活环境。

实例 47. 房间喷雾除臭剂

原料	配料比(质量份)
4,4′-二羟基二苯砜	20~30 份
乙二醛	1~5 份
硫酸钠	10~20 份
乙醇	10~20 份
水	补足 100 份

制备方法:将各组分按照所述比例以该类产品常规方法制备。

产品特点:本品起效快,适用范围广,环保无毒。

实例 48. 浴室异味去除剂

原料	配料比(质量份)
苯氧基乙酸	30~45 份

聚乙二醇	10~20 份
3-羟基丙醛	10~20 份
水	补足 100 份

制备方法:将各组分按照所述比例以该类产品常规方法制备。

产品特点:本品配方简单合理,除臭效果好,适合工业化生产。

实例49. 公厕除臭剂

原料	配料比(质量份)
亚氯酸钠(或亚氯酸钾)	20~40 份
活化增效剂过硫酸钠(或过硫酸钾)	60~80 份

制备方法:将两种原料按比例加入水中,在常温下反应,形成黄色溶液;再将黄色溶液用水稀释即成除臭液。

产品特点:本品可以快速氧化分解空气中的氨、硫化氢、硫醇、硫醚等恶臭成分,迅速消除恶臭。可广泛应用于公厕、饲养棚舍、垃圾处理站,治理恶臭污染。除臭剂及其制备方法简单可靠,对人无害,安全、价廉并兼有杀菌作用。

实例50. 厕所除臭剂

原料	配料比(质量份)
氯化亚铁	10~16 份
硫酸亚铁	3~8 份
顺丁烯二酸	12~16 份
香料	0.1~0.3 份
水	80~100 份

制备方法:先将以上原料与水于55℃下均匀混合,再将所得物与硅藻土于60℃下均匀混合,后搅拌,冷却至常温即得成品。

产品特点:本品生产工艺简单,原料来源方便,价格便宜,无毒,腐蚀性小,除尿垢、茶迹、臭气,速度快,除臭效果好,能彻底根除臭气根源,应用范围广。本品不仅解决了空气污染的问题,而且还节约了大量的能源。

实例 51. 厕所除臭液

原料	配料比(质量份)
硫酸亚铁	10 ~ 20 份
植酸	3 ~ 5 份
苯甲酸	3 ~ 5 份
水	补足 100 份

制备方法:将各组分按照所述比例以该类产品常规方法制备。

产品特点:本品除臭起效快,持续时间长,效果好。

实例 52. 冰箱除臭剂(1)

原料	配料比(质量份)
腐殖酸土壤	50 ~ 80 份
活性炭粉	45 ~ 78 份
氧化铝	20 ~ 35 份
硬脂酸钠	10 ~ 25 份
蓖麻油	25 ~ 40 份

制备方法:

(1)将腐殖酸土壤放入乙醇中浸泡,滤掉乙醇,留下腐殖酸土壤待用。

(2)将氧化铝与硬脂酸钠搅拌混合均匀,倒入活性炭粉,加热至 50 ~ 76℃,保温 1 ~ 5h,自然放冷。

(3)将步骤(1)中的腐殖酸土壤、蓖麻油混合均匀后一起倒入步骤(2)中的氧化铝与硬脂酸钠混合液中,搅拌 10 ~ 20min,在 2500 ~ 3000kPa 的压力下模压成型即得本产品。

产品特点:本品在运用过程中不断除去湿气,防止食物变质,且制作的方法简单易行,产品剂型便于储存,适合家庭使用。

实例 53. 冰箱除臭剂(2)

原料	配料比(质量份)
椰壳活性炭	70 ~ 80 份
硅胶	70 ~ 80 份

| 聚苯乙烯丁酯乳胶 | 25～30 份 |
| 水 | 70～80 份 |

制备方法:将各组分按照所述比例以该类产品常规方法制备。

产品特点:本品除臭效果好,并且健康环保。

实例54. 冰箱杀菌保鲜除臭剂

原料	配料比(质量份)
山楂核提取液	90～98 份
乙醇(95%)	2～10 份
去离子水	0～250 份

制备方法:将 50kg 山楂核经清洗沥水在干馏容器内于 108～110℃下干馏得到液体,当无液体流出后提高加热温度至 258～260℃ 保温 3h,蒸气冷凝收集液体,直至无液体流出,将两次干馏所得液体混合,沉淀 50h,分离,取上层枣红色水状物,即为半成品,然后在 93～95℃下经过八段精馏,得到淡黄色无油水性成品液,再用活性炭脱色呈微黄或无色透明的水溶液,即为山楂核提取液。然后将其他组分按配料比均匀混合充分搅拌即可。

产品特点:本品是一种高效、环保、消毒杀菌、除臭、保鲜效果显著的用于冰箱的杀菌保鲜除臭剂,为透明状液体或透明状淡黄色液体,有微弱酸的清香味。本产品液具有一定的挥发性,化学性质稳定,它的优良杀菌作用主要是来源于有效成分的协同作用,消毒效果好,使用时间长。

实例55. 冰箱除臭片

原料	配料比(质量份)
二氧化氯水溶液(1%)	30～40 份
硬脂酸铝	5～10 份
氧化铝	80～120 份
硅酸镁铝	10～20 份

制备方法:

(1)把二氧化氯气体通过管子插入水中让水慢慢吸收气体,并加以称重,配成1%的二氧化氯水溶液。

(2)把氧化铝研磨成细粉后,加入步骤(1)中制得的二氧化氯水溶液中,搅拌混合均匀后,加入硬脂酸铝和硅酸镁铝,并经充分搅拌混合而成。

(3)把步骤(2)得到的产物在压片机上压成直径20mm、厚为3mm的片状产品,压片机的压力为2.5MPa。

产品特点:本品具有除臭效果显著,使用时间长的优点。

实例56. 鞋垫除臭剂

原料	配料比(质量份)
氧化铝	8~10 份
乙醇	8~9 份
硼酸	5~8 份
椰子油	4~8 份
丙酮	4~8 份
桉树油	7~8 份
薄荷油	1~4 份
自来水	加至 100 份

制备方法:将各组分按配料比均匀混合充分搅拌,制成块状,晾干即可。

产品特点:将本品直接放在鞋子中,使用方便,而且减少了洗涤次数。

实例57. 鞋袜抗菌除臭剂

原料	配料比(质量份)
壳聚糖	0.1~5 份
醋酸	10~40 份
甜菜碱	0.2~4 份
百里香酚	0.05~2 份
吐温-80	10~40 份
香精	0.1~4 份

去离子水　　　　　　　　　　　补足 100 份

制备方法:将壳聚糖溶解在醋酸中,加入吐温－80 搅拌均匀;再将甜菜碱、百里香酚、香精加入上述得到的搅拌好的溶液中,用去离子水稀释即可。

产品特点:本品能有效杀灭鞋袜内的细菌微生物,从而消除鞋袜的异味。本品的主要原料均来自绿色生物,具有无毒、环保、成本低廉、杀菌效果好、有效时间长的特点。

实例 58. 鞋除臭剂

原料	配料比(质量份)
蒸馏水	80～100 份
活性白土	10～18 份
艾叶	20～35 份
苦楝皮	8～16 份
钛白粉	11～26 份
乙醇	15～27 份

制备方法:

(1)将艾叶用 3 倍质量的清水清洗后,放在阳光下,于通风处晒干,再放入配方量的 70% 的蒸馏水中于 80℃下煎煮 2h,过滤得艾叶提取液。

(2)将配方量的苦楝皮浸没在水中 50min,取出,切成丝状,放入配方量的 30% 的蒸馏水中于 95℃下煎煮 4h,过滤得苦楝皮提取液。

(3)将配方量的活性白土和钛白粉放入乙醇中搅拌均匀,静置15min,再将步骤(1)的艾叶提取液和步骤(2)的苦楝皮提取液倒入,加热至 60℃搅拌 30min,即得本产品鞋除臭剂。

产品特点:本品无有害物质残留,对鞋和人体都无损害,效果持久,无须经常施用,成本低,简单易行。

实例 59. 长效杀菌除臭鞋垫

原料	配料比(质量份)
环糊精	3～10 份

草珊瑚浸出液	3～10 份
三氯生	1～5 份
香精	1～3 份
酒精	10～20 份
水	补足 100 份

制备方法:将酒精加入水中混合,再将其他原料加入,反复搅拌使各原料溶解,得到杀菌除臭剂;将普通鞋垫放入杀菌除臭剂中浸泡12～24h,取出晾干,再采用日晒或在常温下干燥,使鞋垫彻底干燥,即可装袋成为成品。

产品特点:本品采用普通鞋垫,在杀菌除臭剂中浸泡,然后晾干而成。在杀菌除臭剂中,三氯生为化学广谱杀菌材料,草珊瑚浸出液为广谱杀菌的中草药材料,两者结合具有很强的杀菌效果,环糊精特有的分子结构能够将杀菌材料包络在其孔腔中缓慢释放。经过杀菌除臭剂浸泡出来的鞋垫具有高效的广谱杀菌效果,能够从根本上实现杀菌除臭目的,且有效期长。

(三) 空气清新剂

实例60. 长效空气清新剂

原料	配料比(质量份)
炭粒	2～7 份
水	70～88 份
硬脂酸钠(或硬脂酸钾)	7～12 份
缓释剂	0.1～0.4 份
香料	0.4～2 份
抗菌剂	0.05～0.1 份
异味中和剂	0.5～3.5 份
表面活性剂	2～8 份

制备方法:将各功能成分混合并加热溶解成液体,将液体灌装至容器中,在液体凝固前将炭粒撒在液体表面,液体凝固后进行密封

包装。

产品特点:本品能改善现有空气清新剂不能长时间持续有效地清新空气的缺点,达到长效清新有限空间空气的目的。本产品包括由功能成分混合而成的膏体,所述膏体的表面粘贴覆盖有炭粒。炭粒中具有细微的孔隙,膏体中的各功能成分可以沿炭粒中的细微孔隙和炭粒间的空隙逐渐扩散挥发到空气中,这样就控制了膏体内挥发性功能成分的挥发速度。

实例61. 自黏性芳香凝胶

原料	配料比(质量份)
香料	33 份
硫酸钠	8 份
热解法二氧化硅	8 份
蓖麻油	50 份

制备方法:将各组分按照所述比例以该类产品常规方法制备。

产品特点:自黏性防水凝胶组合物,该凝胶组合物能够通过扩散活性的挥发性物质而为它们周围的环境带来益处或影响。该组合物在干燥的环境和潮湿的环境中都是有效的挥发物释放系统,并且其能够黏附于施用的表面上。应用广泛,例如芳香凝胶或消费品。

实例62. 空气清新凝胶

原料	配料比(质量份)
高分子凝胶	20～30 份
凝胶剂	5～12 份
丙三醇	30～50 份
氢氧化钠溶液	15～35 份
炭黑	6～18 份
蜂蜡	10～20 份
香精	11～25 份

制备方法:将各原料混合后于 120℃ 下加热保温 3h,搅拌,于 1500kPa 的压力下模压成型,即得成品。

产品特点:本品提供的空气清新凝胶非常适用于汽车内,能够有效地去除汗味、烟味、皮革塑料味。

实例63. 空气清新气雾剂

原料	配料比(质量份)
丙二醇	3~5 份
三甘醇	2~3 份
戊二醛	0.1~0.3 份
香精	1~2 份
抛射剂	70~80 份
二乙醇胺	1~2 份
去离子水	90~100 份

制备方法:将各组分按照所述比例以该类产品常规方法制备。

产品特点:本品洁净效果好,气味清新自然,对人体无刺激,能杀灭各种空气中的细菌和病毒,保护人体健康。

实例64. 天然空气消毒清新剂

原料	配料比(质量份)
配方一:	
野菊花	10~20 份
厚朴	5~10 份
苍术	30~40 份
大黄	25~35 份
配方二:	
黄连	5~10 份
黄芩	10~20 份
大青叶	30~40 份
苍术	25~30 份
佩兰	8~15 份
配方三:	
板蓝根	25~30 份

苍术	20～30 份
藿香	20～25 份
艾叶	10～15 份

配方四：

艾叶	40～50 份
苍术	20～30 份
薄荷	20～30 份

制备方法：先将上述各味药物精选后，分别进行清洗烘干；再将上述各味烘干后的药物分别粉碎；然后用双蒸水在常温下一次性浸泡，其用量为混合药物质量的 10 倍。配方一～配方三，将浸泡好的药液及药物混合物用过滤机粗滤，再用超滤器精滤，将滤液收集即可。将配方四中各组分用水蒸气蒸馏法提取，上述配方均利用瞬间灭菌器灭菌；然后将分装后的成品进行产品检验。

使用方法：采用超声喷雾的方法，将药液按 1∶10 的比例用清水稀释后直接加入超声雾化机中，使其雾化，分散于室内空间，从而达到持续杀菌作用。

产品特点：本品可用于预防感冒和治疗呼吸道疾病等。空气清新消毒剂不仅可以抑制杀灭空气中的有害细菌和病毒，而且还可以驱虫止痒，预防病毒性感冒。

实例65. 天然香氛空气消毒清新剂

原料	配料比（质量份）
聚丙烯酸乳化剂	0.1～0.2 份
聚六亚甲基胍	0.3～0.5 份
西曲溴铵	1.0～4.0 份
苯扎氯铵	2.0～5.0 份
乙醇	40.0～50.0 份
甜橙精油	0.1～0.2 份
洋甘菊精油	0.1～0.2 份
柠檬精油	0.1～0.2 份
去离子水	补足 100 份

制备方法：

（1）在变速磁力搅拌器中将聚丙烯酸乳化剂快速搅拌溶于去离子水中，混合至均匀、无聚合物团块。

（2）将乙醇边迅速搅拌边加入步骤（1）的分散液，再于缓慢搅拌下加入聚六亚甲基胍。

（3）降低搅拌速度加入苯扎氯胺、西曲溴铵混合至均匀。

（4）向步骤（3）的混合物中加入甜橙精油、洋甘菊精油、柠檬精油复配而成的天然精油香氛，分装入库。

产品特点：本品可用于各种行业、各个领域的空气净化清新、抗菌消毒。已有空气清新剂类产品品种很多，从根本上来讲，已有空气清新剂的作用是通过散发香气来盖住异味，而不是与空气中导致异味的气体发生反应，也就是说，空气清新剂的效果并没有清除空气中的有害气体，它只是靠混淆人的嗅觉来淡化异味。已有空气清新剂还有个缺点就是它并没有分解有害气体，达到清新空气的目的，并且里面含有的芳香剂对人的神经系统还会产生危害，刺激小孩的呼吸道黏膜等。

此外，已有的消毒产品大都消毒效果与消毒剂浓度成正比，且有毒性、腐蚀性、刺激性气味，对被消毒物品有一定的损坏。

本产品所用香氛为纯植物精华提取，消毒成分经实验严格筛选配伍，复方抗菌清洁作用效果好，制作、使用方便，安全、无化学添加成分、无副作用，空气消毒效率高、安全稳定、对环境无污染、对物品无损坏，是一种可用于各个场所空气的消毒杀菌、祛除异味的天然香氛空气消毒清新剂。

实例66. 新型空气清新剂

原料	配料比（质量份）
香油精	0.5~3 份
石油馏分	5~10 份
二乙醇钠	0.2~0.5 份
亚硝酸钠	0.1~0.3 份
苯甲酸钠	0.1~0.3 份

戊二醛	0.1~0.5份
去离子水	60~70份
烃抛射剂(由20%丙烷和	25~35份
80%异丁烷组成)	

制备方法:将各组分按照所述比例以该类产品常规方法制备。

产品特点:本品的优点是空气洁净效果良好,挥发性强,可以长时间停留在空气中,能杀灭各种存在于空气中的细菌和病毒,保护人体健康。

(四)驱蚊剂

实例67. 含有天然植物油的蚊虫驱避剂

原料	配料比(体积份)
龙脑香	3~10份(质量份)
山鸡椒油	20~100份
桉叶油	10~50份
艾叶油	10~50份
薄荷油	10~50份
香精	10~50份
医用乙醇	600~800份
甘油	50~100份
去离子水	补足1000份

制备方法:将龙脑香溶于医用乙醇中,在搅拌状态下分别将桉叶油、山鸡椒油、艾叶油、薄荷油、香精、甘油加入,充分混匀后加去离子水至1000份,搅拌均匀;将上述成品放入冰箱中冷藏储存1~2个月,使之成熟;将成熟的产品过滤,除去不溶物及杂质,使之清澈后进行分装。

产品特点:本品所用驱虫成分为天然产物,对人体无毒副作用,且原料来源广泛。

实例 68. 驱蚊爽身粉

原料	配料比（质量份）
爽身粉	92~94.5 份
驱蚊剂	5.5~8 份
驱蚊剂 DETA	2.5~5 份
驱蚊油 DMPO	1~1.5 份
薄荷脑	0.5~1.5 份
樟脑	0.5~2 份
驱蚊灵 67 号	0~0.25 份

制备方法：采用原生的爽身粉工艺，首先按配比将各种原料研细，过 200 目筛经过充分的搅拌、混合均匀，即可包装。

产品特点：本品的剂型新颖，驱蚊效果显著，一般驱蚊时间为 6~8h，比液体、膏体、饼体类的驱蚊产品使用方便，对人体皮肤无副作用，对衣服无污染。生产工艺简单、成本低。

实例 69. 驱蚊、蛇、蚂蚁剂

原料	配料比（质量份）
樟脑	0.7~3.5 份
除虫菊酯	0.05~0.7 份
雄黄酒精浸液	40~70 份
水	补足 100 份

制备方法：向雄黄酒精浸液中加入樟脑、除虫菊酯，搅拌均匀，补加余量水，即得成品。

产品特点：本品也可以添入香精，对人体无害，驱害效果佳。且其使用无须与皮肤直接接触，只需将其喷洒于人的衣物与人所在的四周地面即可。

实例 70. 三重功效灭蚊片

原料	配料比（质量份）
普通原料	100 份
胺菊酯	1.2~1.8 份

苯腈	1.5~2.0 份
氯腈	1.5~1.7 份
增效剂八氯二丙醚	1.2~1.8 份
香精	0.1~0.3 份

制备方法：

（1）普通原料的制备：木粉 32 份、陶土 28 份、滑石粉 10 份、硫酸铵 8 份、氯酸钾 22 份合计 100 份混合，加水 4 份混合搅拌，干燥成颗粒。

（2）将胺菊酯、苯腈、氯腈、增效剂八氯二丙醚、香精混合复配成药用混配料，将药用混配料和普通原料按 1:5（质量比）混合制成母粉，再将母粉与余下的普通原料的颗粒混合，搅拌均匀压片成型包装制成成品。

产品特点：本品的核心是提出的药用混配料，由于"灭蚊片"中含有本产品的药用混配料，使之具有了灭蚊、灭蝇、灭蟑螂三重功效，它突破了传统灭蚊片的开发使用模式和使用效果。本品一年四季均可使用，适用于家庭、火车、轮船等公共场合杀灭蚊子、蟑螂、苍蝇等害虫，它使用安全高效。

实例71. 热解灭蚊片

原料	配料比（质量份）
除虫菊素	3~30 份
右旋丙炔菊酯	5~20 份
增效剂	10~30 份
溶剂乙醇	40~60 份
香料	0~1 份

制备方法：取除虫菊素、右旋丙炔菊酯、增效剂，加入乙醇、香料搅拌均匀，取过滤澄清液滴加于 7.7cm^2 的原纸片，干燥，即得本灭蚊片，经自动成型机以铝箔复合膜封包而成。

产品特点：本产品以纯天然除虫菊素为主要杀虫成分，辅以化学杀虫成分，解决了仅使用纯天然除虫菊素作为杀虫成分在挥发过程中分解快、药效不持久的问题，比使用纯天然除虫菊素生产成本相对较低；降低了传统配方中化学杀虫剂在人体内留有的残毒；克服了使用化学杀虫成分蚊虫极易产生抗药性的问题;本品对室内卫生害虫(蚊、蝇)有良好的防治效果。

实例72. 超声波灭蝇、蚊、蟑螂杀菌液

原料	配料比(质量份)
纯天然除虫菊素	0.25~2.5份
天然增效剂柠檬油	10.0~20.0份
植物香精	1~5.0份
天然稳定剂迷迭香	0.1~0.4份
含植物提取物 β - 蒎烯的溶剂(松节油)	62.1~88.65份

注:混合后加入超声波蒸发装置内使用。

制备方法:将各组分按照所述比例以该类产品常规方法制备。

使用方法:混合后用水稀释1~40倍,直接将其加入超声波蒸发装置内,开启蒸发装置即可起到灭蝇、蚊、蟑螂和杀菌的作用。

产品特点:本产品对人体没有伤害,既可以灭蝇、蚊、蟑螂,还可以杀菌,使用方便安全,不污染环境。

实例73. 驱蚊搽剂

原料	配料比(质量份)
避蚊胺	10~30份
聚乙二醇800	10~50份
三乙醇胺	5~20份
甘油	5~20份
乙醇	10~40份
去离子水	10~20份

制备方法:将聚乙二醇800、三乙醇胺、甘油、去离子水加入反应釜中,升温至60℃,搅拌混溶,使其完全溶解;向上述物料中加入避蚊胺、乙醇,充分搅拌,使其混合均匀还可同时加入香精;冷却,灌装,即得成品。

产品特点:本品驱蚊效力强,持续时间长,适于野外工作者、岗哨、巡逻人员、旅游人员使用。

实例74. 驱蚊皂

原料	每100g皂基含
尼姆油	1mL
柠檬香草油	0.5mL
香茅油	0.1mL

制备方法:本发明在制作时,首先将皂基加热到40℃,然后将尼姆油、柠檬香草油、香茅油加入皂基中,并混合均匀,再加入少量的椰子油和植物油,充分混合后注入模具型腔内,待其冷却后出模。

产品特点:采用这种配方制作出来的产品,不仅有平常香皂去污、清洁皮肤的效果,并且具有驱除蚊虫叮咬的功效。

实例75. 高效驱蚊剂(1)

原料	配料比(质量份)
柏木油	10~20 份
鱼香草油	0.6~15 份
芳樟油	1~15 份
樟脑	0.6~8 份
胡椒基丁醚	0.4~3 份
二乙基间甲苯甲酰胺	0.3~8 份
乙醇	25~35 份
精制水	30~50 份

制备方法:精选原料,将所有原料按比例配方,搅拌均匀,调整装罐,加压缩空气,包装成品入库。

产品特点:本品为绿色环保产品,为水基加空气型。不燃烧、无毒无害,使用、存储、运输、携带方便、安全。能有效驱避各类蚊子、苍蝇、蚂蚁、蟑螂等害虫。

实例76. 高效驱蚊剂(2)

原料	配料比(质量份)
聚乙二醇	0.5~5 份
扁柏油	3~15 份

37

松针油	1～10 份
里哪醇	1～10 份
乙醇(酒精)	5～15 份
薄荷脑	0.5～5 份
二乙基间甲苯甲酰胺	1～5 份
胡椒基丁醚	1～10 份
蔓荆子	0.1～3 份
凯素灵	0.2～1.2 份
精制水	20～50 份

制备方法:将各原料混合后用水稀释 1～40 倍,加入超声波蒸发装置内使用。

产品特点:产品效果长久,居室内只需喷一喷,确保长时间(10～20 天)无蚊蝇干扰,且用途广泛。

实例 77. 乳化型驱蚊剂

原料	配料比(质量份)
驱蚊酯	18～35 份
薄荷脑	6～20 份
冰片	4～16 份
乳化剂	16～35 份
薄荷水	0～25 份
金银花水	0～25 份
甘油	0～20 份
香精	0～0.1 份
去离子水	0～30 份

制备方法:

(1)薄荷水的制备:将薄荷和去离子水按 1:5 的比例投入蒸馏锅内蒸馏,即得薄荷水。

(2)金银花水的制备:按制备薄荷水同样的方法制备即可。

(3)将其他中药粉碎,最好采用气流粉碎技术,进行超微粉碎,以提高药材细胞破壁率,从而提高药物有效成分的使用效率。

(4)按预定比例称取各原料,投入搅拌器中,搅拌均匀、乳化装瓶即可。

产品特点:将本品涂抹于皮肤表面,可在皮肤表面形成一层特殊的保护层,对蚊虫有独特的驱避功效,作用迅速,且药效持久(不少于8h);其中的优选方案产品,对已被蚊虫叮咬过的部位还有消炎、灭菌、止痒等功效;产品中还含有护肤、保湿成分,对皮肤有润肤、保湿之功效。对人体安全无毒,且无刺激性。

实例78. 驱蚊湿巾

原料	配料比(质量份)
水刺非织造布	15 份
中草药液	85 份

制备方法:以水刺非织造布为基料,浸之以中草药液,其中中草药液由等质量份的薄荷提取物、丁香提取物、蜂蛰草提取物、水仙提取物和适量水混合制成。

产品特点:该驱蚊湿巾具有清凉止痒、驱蚊避蚊的特殊功效;驱蚊湿巾香气清新、质地柔软、不刺激皮肤,长期使用无任何副作用。

实例79. 天然无毒驱蚊护肤剂

原料	配料比(质量份)
留兰香精油	0.5~5 份
甘油	2~10 份
吐温-80	0.5~4 份
三乙醇胺	0~0.3 份
卡波普	0~1 份
去离子水	补足100 份

制备方法:取留兰香精油、吐温-80,充分搅拌均匀,加入甘油、三乙醇胺、卡波普,混合均匀,再加去离子水,即成天然无毒驱蚊护肤水剂。

产品特点:驱蚊效果好,天然无毒,且有护肤作用,使用后无油腻感,肤感清凉,具有驱蚊、消炎、抗过敏和提神的多重作用,尤其适合婴幼儿使用。

实例80. 驱蚊精油组合物

原料	配料比（质量份）
丁香油	0~10 份
山苍子油	0~10 份
桉叶油	0~10 份
纯种芳樟叶油	0~50 份
百里香油	0~10 份
香茅油	0~20 份
香叶油	0~10 份
薰衣草油	0~20 份
冬青油	0~10 份
薄荷素油	0~10 份
肉桂油	0~10 份
柏木油	0~60 份
白兰叶油	0~10 份
芸香油	0~10 份
玫瑰油	0~10 份
茶树油	0~10 份

注：也可以加入如下芳香醇中的至少一种：芳樟醇、玫瑰醇、橙花醇、香叶醇、异香叶醇、香茅醇、松油醇。

制备方法：将上述驱蚊精油组合物混合搅拌均匀，滤去不溶物，分装入小瓶中，即得成品。

使用方法：使用时，用超声波散香、喷雾、直接挤压瓶子或用吸管吸取1~100 滴，滴于微孔陶瓷制作的驱蚊器上，置于需要驱蚊的空间。

产品特点：本品驱蚊效率平均可达90% 以上，人群香味接受度也较高；采用该驱蚊精油组合物的驱蚊方法，操作简易，无须加热，直接将驱蚊精油组合物用超声波散香或喷雾或滴于微孔陶瓷制作的驱蚊器上自然散香均可。

实例81. 中药驱蚊、灭菌空气清新剂

原料	配料比(质量份)
青蒿精油	1～3 份
桉叶精油	1～3 份
赋形剂	2～20 份
增溶剂	1～3 份
防腐剂	0.5～1 份
促凝剂	0.5～1 份
溶剂	50～80 份
香精	5～10 份
色素	0.1～0.5 份

注:其中赋形剂为海藻酸钠或明胶或琼脂,增溶剂为吐温系列,防腐剂为苯甲酸钠、山梨酸钾,促凝剂为碳酸钙或氯化钙,溶剂为水。

制备方法:将海藻酸钠、苯甲酸钠、碳酸钙按质量比加入水中,边搅拌边加入适量吐温-80,于85℃搅拌,保持3h不凝固。稍冷却后边搅拌边加入防腐剂、香精、色素以及青蒿精油和桉叶精油,分装至模具中,冷却成型。

产品特点:以中药材青蒿精油和桉叶精油为主要抗菌和驱虫成分,代替传统的有毒副作用的化学抗菌驱虫剂,对人体无毒无害,绿色环保,应用广泛。

实例82. 驱蚊止痒湿纸巾

原料	配料比(质量份)
伊默宁 IR3535	6～11.5 份
洗必泰	0.05～0.1 份
防腐剂杰马	0.1～0.2 份
香精	0.05～0.1 份
离子水	90.1～93.8 份

制备方法:先将非织造布消毒;制作药液时先精选原料,按上述药液成分进行配方。然后将药液装入非织造布的包装袋中,最后封口即成。

产品特点:采用吸水性基质材料,将该吸水性基质浸入具有驱蚊

消毒止痒作用的药液中制作成湿纸巾。其防蚊效果好,无副作用,药效持久。

实例83. 药草清香型驱蚊香精组合物

原料	配料比(质量份)
芳樟叶油	(13±2)份
石竹烯	(4±1)份
薰衣草油	(5±1)份
薄荷脑	(3±1)份
橙叶油	(2±1)份
桂叶油	(5.5±2)份
百里香油	(5.5±2)份
丁香油(85%)	(6±3)份
D-苧烯	(15±5)份
山苍子油	(4±2)份
薄荷原油	(6±3)份
留兰香油	(1±0.5)份
桉叶油(70%)	(7±2)份
冬青油	(6.5±2)份
香叶油	(6±2)份
乙酸苄酯	(3±1)份
松油(50%)	(4±3)份
乙酸芳樟酯	(3.5±2)份

制备方法:将原料中的薄荷脑溶解在巴西甜橙油中;然后将其他原料倒入不锈钢搅拌筒中搅拌至均匀混合;将混匀后香精组合物在室温下放置陈化3天后即可使用。

产品特点:本品驱蚊效率大于70%,略带药草香及清凉味。

实例84. 果香型驱蚊香精组合物

原料	配料比(质量份)
冬青油	4.5~8.5份

肉豆蔻油	8.5～10.5 份
香叶油	9.8～13.8 份
天然樟脑	1.9～3.9 份
桉叶油(70%)	2.4～6.4 份
石竹烯	1.9～3.9 份
薄荷脑	0.5～2.5 份
丁香叶油	0.9～4.9 份
柠檬油	9.7～13.7 份
巴西甜橙油	27.0～33.0 份
丁香罗勒油	0.9～4.9 份
山苍子油	10～16 份

制备方法:将原料中的薄荷脑溶解在巴西甜橙油中;然后将其他原料倒入不锈钢搅拌筒中搅拌至均匀混合;将混匀后香精组合物在室温下放置陈化2天后即可使用。

产品特点:本品包含的驱蚊活性成分和香味物质均来自天然植物,对人体无毒副作用,驱蚊效率大于70%。本产品具有浓郁的果香,香气透发,略带药草香及清凉味,经人群感官评价,香精的接受度超过80%。

实例85. 驱蚊剂

原料	配料比(质量份)
避蚊胺	40～60 份
艾油	5～30 份
柠檬桉油	10～30 份
香茅油	10～20 份

制作方法:将各原料混合溶解,即得到芳香的液态驱蚊剂。

产品特点:本品工艺简单,成本低廉,易于实施。使用方便灵活,效果好,对人畜无害,它们本身具有杀菌、消毒等作用,除了驱蚊之外,它们还可同时起到清新空气的作用,是一种有利环保的好产品。

实例86. 芳香驱蚊剂

原料	配料比(质量份)
驱蚊草精	3 ~ 5 份
海藻胶	7 ~ 11 份
酒精	7 ~ 11 份
表面活性剂	9 ~ 13 份
香精	1.5 ~ 4 份
水	55 ~ 65 份

制备方法:按组成比例往锅炉中放入水、驱蚊草精、海藻胶及表面活性剂,关上锅炉,然后升温并搅拌,待温度升至300 ~ 320℃后保持温度并搅拌50 ~ 70min,然后将温度降至40 ~ 55℃,打开锅炉,加入香精、酒精,关上锅炉,升温至65 ~ 75℃,搅拌60 ~ 80min后出锅炉,再在温度为35 ~ 45℃的条件下进行灌装即得成品。

产品特点:本品具有制备简单,产品驱蚊效果好、安全无毒、产品的资源利用率高及有利于环保等优点。

实例87. 西红柿叶驱蚊制品

原料	每1000g产品中含
西红柿叶	1 ~ 300g
香葱	1 ~ 280g
薰衣草	1 ~ 200g
紫苏叶	1 ~ 250g
菊花	1 ~ 150g
丁香	1 ~ 200g
丙炔菊酯	1 ~ 150g
香精	适量
基质	适量

制备方法:各原料混合后,制成片状使用。

产品特点:本品可以生产成各种蚊香、电热蚊香片的驱杀蚊虫产品;点燃时能散发出较强的驱杀蚊虫药物的同时,也散发出能预防疾病的功效和清香,对金黄色葡萄球菌、痢疾杆菌、绿脓杆菌等多种病菌有一定的抑制、杀灭作用,特别是对流行性传染性疾病的病毒细菌具有很强的杀灭效果,点燃该蚊香 2～5min 后,蚊子全部逃走或被熏死,对蚊虫有较强的杀伤力。

实例88. 驱蚊盘香

原料	配料比(质量份)
除虫菊花粉	30～60 份
可燃性黏性植物性粉末	补足 100 份

制备方法:将天然除虫菊花粉和可燃性黏性植物性粉末充分搅拌、混合,定型制作成香坯,经加热烘干而成。

产品特点:本产品所述的驱蚊盘香以天然植物除虫菊花粉为驱虫成分,在自然界和人体中无残留,无污染,还避免了使用一般杀虫剂蚊虫易产生抗药性的缺点,本产品以驱蚊为主要功效(对其他飞虫也有一定驱避作用),并不杀死蚊虫,既可适用于室内,也可适用于室外,气味清香自然,高效微毒,持续驱蚊,尤其适用于家庭、娱乐等公众场所。

实例89. 驱蚊草绿色蚊香

原料	配料比(质量份)
驱蚊草粉	7～9 份
淀粉	1.5～2 份
香料	0.1～0.3 份

制备方法:将干燥驱蚊草粉碎,经 120 目过筛去杂质,取纯净驱蚊草粉加入淀粉和香料后,用水搅匀至泥状,送入制香机挤出成型,烘干,成品包装。

产品特点:原料组成不仅少而精,且因加入超出常规用量的驱蚊草,而在驱蚊、防疫和杀虫灭菌、净化空气等方面取得了明显的效果。本产品的生产方法,具有工艺流程简捷、原料成本低廉的特点。

实例90. 用于人体喷涂的驱蚊剂

原料	配料比(质量份)
驱蚊草提取液	30～40 份

乙醇(95%以上)	20~30 份
苯甲酸钠	3~5 份
香精	5~8 份
水	25~35 份

制备方法:将驱蚊草全株经清洗后捣碎,加相同质量的水混合,过滤制得蚊草提取液。将驱蚊草提取液与95%以上浓度的乙醇混合,加水,最后添加防腐剂苯甲酸钠及所需香味的香精。将制剂装入喷雾罐中,加注高压空气后封装。

产品特点:驱蚊草为多年生草本植物,植株本身具有良好的驱蚊作用,以其提取液为主要原料,可达到驱蚊的效果,由于该提取液为水性,添加乙醇后具有挥发性,增加了气味的覆盖区域,可对未涂抹区域产生作用,并有利于使用后清洗。

实例91. 驱蚊护肤液

原料	配料比(质量份)
核黄素	5~10 份
硫胺	100~200 份
吡多醛	100~200 份
洗必泰	10~20 份
丙三醇	10000~20000 份
纯化水	补足100000 份

制备方法:将核黄素、硫胺、吡多醛、洗必泰等依次加入50000~80000 份纯化水中,搅拌溶解,滤过;再按比例加入丙三醇混匀,最后纯化水加至100000 份即可。

产品特点:以现代医药科技为基础,采用无毒的 B 族维生素为主要原料制备,无毒,无刺激,无污染,无过敏,安全可靠,性能稳定,使用方便,具有强有力的驱蚊护肤保湿功效,是一种老少皆宜的夏季驱蚊佳品。

实例92. 驱蚊柠檬露

原料	配料比(质量份)
柠檬露	10~20 份

乳化剂	3~6 份
缓释剂	1~3 份
茶树精油	0.2~0.5 份
甘油	3~5 份
乙醇	10~20 份
水	补足 100 份

制备方法:将水、乙醇和乳化剂 Teric 13A9 加入反应器中,搅拌 10~15min,再加入甘油、缓释剂聚乙烯吡咯烷酮和茶树精油,继续搅拌 10~15min,最后加入柠檬露,再继续搅拌 10~20min,静置后得驱蚊柠檬露,为澄清透明的液体。

产品特点:本产品驱蚊柠檬露具有驱蚊时效长、无毒、无刺激、绿色安全等特点。

实例 93. 婴儿用保健驱蚊湿巾

原料	配料比(质量份)
洋甘菊	20~30 份
天然芦荟汁	15~20 份
甜杏仁油	10~15 份
维生素 E	10~15 份
薰衣草	5~10 份
连翘花	10~15 份
七里香	5~10 份
蜂蜜	5~10 份
纯净水	20~30 份

制备方法:先将纯天然植物洋甘菊、天然芦荟汁、甜杏仁油、维生素 E、薰衣草、连翘花、七里香放入纯净水中浸泡 5~10h,然后大火煮沸,沸腾 1h 后改用文火继续保持微沸腾状态 5~10h,然后过滤,滤液冷却后将蜂蜜加入混合后即成浸润液。使用该浸润液浸润非织造布即可制备得到本产品。

产品特点:本湿巾具有保健安神、抗菌杀菌、驱蚊驱虫及消炎滋润的作用,且配方中无香料和酒精等化学物质,对婴儿肌肤无刺激效果。

实例94. 驱蚊洗衣液

原料	配料比(质量份)
AES	5 份
对甲基苯磺酸钠	7 份
十二烷基苯磺酸	2 份
香料	4 份
乙醇	1.5 份
山鸡椒叶片	5 份
川楝皮	5 份
苦楝皮	7.5 份
水	65 份

制备方法:

(1)将AES加入水中,边加热边搅拌,升温至60℃,使AES充分溶解均匀。

(2)将对甲基苯磺酸钠、十二烷基苯磺酸加入水和AES的溶液中,继续搅拌至均匀。

(3)降温至30℃加入香料、乙醇搅拌。

(4)将搅拌后的原料完全冷却,待备用。

(5)取山鸡椒叶片、川楝皮、苦楝皮按照上述比例混合、水煮煎制后,提取浓汁。

(6)将提取的浓汁与步骤(4)所得的原料混合均匀即可。

产品特点:本品由纯中药制成,因此,不污染环境,对人体也无害。针对各类衣物水洗后性能温和不伤皮肤,不损衣料;稳定性好,使用方便,不仅去污效果好,而且具有较好的驱蚊功能。

实例95. 具有消炎镇痛、清凉止痒和驱蚊功能的精油

原料	配料比(质量份)
薄荷脑	20~35 份
冬青油	13~39 份
樟脑油	1~5 份
桉油	1~5 份

丁香罗勒油	1～6份
香茅油	3～15份
广藿香油	1～5份
桂油	1～5份
液体石蜡	适量
矫臭剂	适量
着色剂	适量

制备方法:取薄荷脑、冬青油、樟脑油,加入适量液体石蜡,再加入桉油、丁香罗勒油、香茅油、广藿香油、桂油、矫臭剂、着色剂,加适量液体石蜡,混匀,静置24h,取澄清液,分装,即得成品。

产品特点:本品是在传统风油精的配方基础上增加了香茅油、广藿香油和桂油三味植物药油。本精油可以制成搽剂、喷雾剂、涂剂。本品的驱蚊避蚊有效时间明显长于传统风油精。

实例96. 驱蚊膏

原料	配料比(质量份)
避蚊胺(DEET)	13～16份
硬脂酸1801	0.6～1份
薄荷脑	0.2～0.5份
C_{16}～C_{18}醇	0.6～1份
乳化剂165	0.8～1.2份
乳化剂68	0.8～1.2份
保湿剂HA	0.01份
乳化剂305	1.5～2.0份
防腐剂BP	0.45～0.6份
甘油	4～6份
蒸馏水	69.99～77.84份
香精	0.2～0.5份

制备方法:

(1)将硬脂酸、薄荷脑、C_{16}～C_{18}醇、乳化剂165、乳化剂68依次加入避蚊胺中,加热至70℃,搅拌、溶解均匀,作为油相。

（2）往蒸馏水中依次加入保湿剂 HA、防腐剂 BP 和甘油，混匀加热至80℃,作为水相。

（3）将步骤（1）所得到的成分经过滤后加入步骤（2）所得到的成分中进行搅拌乳化，搅拌均匀。

（4）待步骤（3）所得物料温度降至60℃时，加入香精，搅拌均匀后,加入乳化剂305,再搅拌均匀后,即可灌装。

产品特点:本品不仅能对蚊虫有明显效果的驱避作用,还能减少因蚊子传播疾病的流行,有益于人们的身心健康。

实例97. 电热驱蚊片

原料	配料比（质量份）
丙烯菊酯	30～40 份
胺菊酯	1～2 份
增效醚	3～5 份
硝酸钠	8～10 份
乙酸乙酯	2～3 份
叶绿素铜	3～5 份
香料	2～3 份

制备方法:将各组分依照配料比按该类产品常规生产方法制备。

产品特点:本驱蚊片驱蚊效果好、无毒、使用安全、对人体无副作用,配方合理且生产成本低廉。

实例98. 驱蚊香

原料	配料比（质量份）
木香	30～50 份
青蒿素	1～2 份
苍术酮	1～2 份
苍耳	2～10 份
樟树叶	2～10 份
九头狮子草	2～10 份
酮康唑	1～2 份

| 白术 | 1～5 份 |
| 醋酸洗必泰 | 1～2 份 |

制备方法:将各组分依照配料比按该类产品常规生产方法制备。

产品特点:本品制作方法简单、成本低廉、香味浓醇、无毒副作用、驱蚊效果显著,适合各种年龄段的人使用。

实例 99. 有驱蚊功效的香皂

原料	配料比(质量份)
山鸡椒叶片	35～45 份
川楝皮	10～20 份
苦楝皮	10～20 份
苦艾	25～35 份

制备方法:将各组分按配料比混合均匀充分搅拌然后加入皂基中即可。

产品特点:由于本品的驱蚊香皂中的驱蚊成分由纯中药制成,不含化学杀虫剂,因此,不污染环境,对人体也无害。使用这种香皂可使人们免受蚊虫叮咬之苦,还可以减少疾病的传播。

实例 100. 婴幼儿用驱蚊爽肤水

原料	配料比(质量份)
轮藻提取物	15～20 份
水	150～200 份
甘油	1～5 份
润肤剂丁二醇	1～5 份
透明质酸钠	2～7 份
柠檬香精	适量
纯化水	适量

制备方法:

(1)选择新鲜的轮藻,洗净去除杂质,于室温下阴干研碎并过 100 目筛。

(2)先将乙醇和步骤(1)制得的轮藻粉末按照 10:1 的比例混匀

后,在 30~45℃下震荡浸 7~9h,过滤分离得轮藻提取液。

(3)将步骤(2)制得的轮藻提取液通过十八烷基硅胶柱去除叶绿素。

(4)将步骤(3)制得物在 30~45℃下减压浓缩干燥制得轮藻提取物。

(5)将步骤(4)制得的轮藻提取物和水按照 1:10 的比例混匀后,在 30~45℃下再次浸提 7~9h,过滤分离得轮藻提取物的水溶液。

(6)将步骤(5)制得的水溶液经超滤和减压蒸馏,浓缩为原有量的 1/2,即得轮藻提取物的浓缩水溶液。

(7)将丁二醇、甘油混合,加热溶解,即为油相;取透明质酸钠溶于纯化水中加热,即为水相;将油相和水相加热至 70~90℃泵入乳锅,进行搅拌,同时启动乳锅均质,然后通过循环水冷却至 30~45℃,得到混合液。

(8)将步骤(6)制得轮藻提取物的浓缩水溶液、柠檬香精加入步骤(7)的混合液中,以 300~500r/min 的速度搅拌 10~20min,然后冷却至室温移出,即制得婴幼儿用轮藻驱蚊爽肤水。

产品特点:所述轮藻提取物为轮藻的乙醇提取物去除叶绿素、多糖后的水溶液部分。本品不含有害成分,生产工艺简单,成本低。

实例 101. 轮藻驱蚊空气清新缓释剂

原料	配料比(质量份)
轮藻精油	15~20 份
过碳酸钠	5~10 份
增溶剂吐温-60(或吐温-80)	1~5 份
高吸水性树脂	2~5 份
防腐剂苯甲酸钠	0.5~1 份
香料	适量
纯净水	40~50 份

制备方法:

(1)选择新鲜的轮藻,洗净并去除杂质,室温下阴干研碎。

(2)先将水和轮藻粉末按照 10:1 的比例混匀后,用水蒸气蒸馏法从中提取得到半成品轮藻精油,水蒸气蒸馏的蒸气压为 0.05 ~ 0.5MPa,蒸馏时间为 1 ~ 3h。

(3) 将步骤(2)制得的半成品轮藻精油进行减压浓缩处理,获得所需的轮藻精油。

(4) 将步骤(3)制得的轮藻精油加入纯净水中,边搅拌边加吐温 -60 或吐温 -80,充分混匀。

(5) 将步骤(4)制得的液体中加入高吸水性树脂,形成凝胶体系,然后加入过碳酸钠,最后加入苯甲酸钠和香料,混匀成凝胶液体,即得成品。

产品特点:本品具有自然芳香味道,同时具有很好的驱蚊效果。

实例 102. 纯天然驱蚊水

原料	配料比(质量份)
薰衣草精油	20 ~ 25 份
藿香精油	5 ~ 10 份
薄荷精油	8 ~ 12 份
艾叶精油	7 ~ 13 份
柚子皮汁	8 ~ 12 份
夜来香精油	8 ~ 12 份
去离子水	补足 100 份

制备方法:将各组分经充分混合和分装后即制得成品。

产品特点:本品气味芳香、驱蚊效果好、原料无毒无害、价格低廉,还具有清凉止痒的功效。

实例 103. 具有驱蚊作用的植物提取物

原料	配料比(质量份)
艾叶提取物	4 ~ 12 份
薄荷	2 ~ 8 份
丁香挥发油	5 ~ 15 份
栀子提取物	3 ~ 9 份
紫草	8 ~ 24 份

制备方法:将各组分依照配料比按该类产品常规生产方法制备。

产品特点:本品各成分均为纯天然的植物提取物,具有怡人的挥发油和芳香化合物,能够驱赶蚊虫,并且含有清凉、止痒的成分,还具有较好的提神醒脑的作用,应用范围广泛。

实例104. 精油驱蚊剂

原料	配料比(质量份)
香茅油	30～80 份
柠檬油	5～30 份
薰衣草油	5～20 份
薄荷油	1～10 份
艾蒿油	1～10 份
食品级乙醇(95%)	补足100 份

制备方法:分别准确称取配方中各组分量,置于容器内,混合均匀即得成品。

产品特点:本品取自纯天然原料,具有安全无毒、不易产生抗药性、易于降解的优点,本产品还具有配方简单,原料来源广泛,适宜工业化生产以及家庭自制等优点。同时本产品采用各具香味特色的精油按精确组分组合,有效解决了单一的植物精油存在效率低下和香气单一导致的人群接受度较低的问题,提高使用效果和增加人群接受度。

实例105. 驱蚊纸巾

原料	配料比(质量份)
薄荷原油	3～5 份
山苍子油	3～5 份
丁香油	3～5 份
香茅油	3～5 份
柠檬胺油	3～5 份
柏木油	3～5 份
樟脑	1～2 份

除虫菊酯类(甲醚菊酯、胺菊酯、氯菊酯等)	0.3 ~ 3 份
蛋白酶	0.1 ~ 0.2 份
淀粉酶	0.1 ~ 0.5 份
乙醇	25 ~ 30 份
水	40 ~ 67 份

制备方法:将上述原料混合后加入水和乙醇中,搅拌均匀,制得驱蚊液,即湿巾液;然后将非织造布浸入湿巾液中,密封至包装袋中,即得成品。

产品特点:本品质地柔软且韧性好,可用作驱蚊、止痒纸巾。

实例 106. 带有驱蚊虫香囊的蚕丝被

原料	配料比(质量份)
夜来香	4 ~ 6 份
薰衣草	3 ~ 5 份
艾叶	3 ~ 5 份
山奈	1 ~ 3 份
冰片	1 ~ 3 份

制备方法:将各组分按配料比混合均匀,装袋,将被胎内均匀布置多个驱蚊虫香囊。

产品特点:本品为一种带有驱蚊虫香囊的蚕丝被,其被胎内均匀布置有多个驱蚊虫香囊,所述的驱蚊虫香囊包括囊袋和包裹在囊袋内部的驱蚊虫组合物。在传统的蚕丝被上加入了带有驱蚊虫香囊,使驱蚊虫组合物融入蚕丝被中,并使蚕丝被获得新的功能,增加了蚕丝被的应用价值。

实例 107. 驱蚊洗发液

原料	配料比(质量份)
天竺葵	10 ~ 15 份
何首乌	5 ~ 10 份
太子参	5 ~ 15 份

浮小麦	5~10 份
墨旱莲	5~10 份
黑芝麻	5~10 份
发泡剂	适量

制备方法:将天竺葵、何首乌、太子参、浮小麦、墨旱莲、黑芝麻,经过150℃高温蒸煮,并抽取提取液待备用;将上述得到的六种成分提取液放入大型容器中,加水,蒸煮2~3h,得到浓缩药膏;将所得到的浓缩药膏加入适量的发泡剂进行搅拌即可得到洗发水。

产品特点:本品荟萃了六种药效精华,利用天竺葵、何首乌、太子参的天然营养、护理成分可自然养护头皮和头发,从而使本洗发水在具备去屑止痒、锁黑防白、防脱育发的同时,还具有现代化学制备的洗发水无法比拟的温和性、环保性;另外,与其他普通洗发水相比具有预防自汗的功能。

实例108. 驱蚊香皂

原料	配料比(质量份)
太子参	15 份
浮小麦	7 份
川楝皮	10 份
皂粉	60 份
起泡剂	8 份

制备方法:取太子参、浮小麦、川楝皮洗净后风干,将风干后的上述三种成分放入粉碎机中粉碎,然后一同与皂粉放入容器中煮2h,冷却至常温后加入起泡剂,经过压条机压制成型。

产品特点:本品采用多种纯天然成分制成,不含化学杀虫剂,不污染环境;不仅具有较强的去污效果,还具有防蚊虫之功效,对人体健康无负面影响;同时,与其他香皂相比,具有预防自汗的特点,弥补了原有香皂功能单一的缺陷。

实例 109. 天然植物驱蚊液

原料	配料比(质量份)
食用乙醇	40~60 份
薄荷素油	1~10 份
香茅油	1~6 份
冬青油	3~12 份
柠檬桉油	3~12 份
艾叶油	3~12 份
薰衣草油	3~12 份
薄荷脑	1~5 份
迷迭香油	3~12 份

制备方法:将足量的食用乙醇加入不锈钢容器中,然后向食用乙醇中加入足量的其他原料搅拌均匀,静置一天后过滤装罐,经放料、储存、半成品检验、包装物消毒,灌装到成品检验入库。

产品特点:本品由多种植物提取物精制而成,户外驱避蚊虫叮咬有效时间达 6h,效果特别明显,对人体没有毒副作用及刺激作用。

(五)灭蝇剂

实例 110. 灭蝇药(1)

原料	配料比(质量份)
葫芦茶	6~40 份
呋喃丹	40~50 份
油茶果	3~10 份
香精	微量
糖精	微量
水	16~50 份

制备方法:将各原料充分搅拌混合均匀后,再加入水搅拌均匀即成。

产品特点:本品具有能迅速杀死害虫,而又不会诱杀禽畜,还可作为禽畜的添加剂,对人体无害等优点。

实例111. 灭蝇药(2)

原料	配料比(质量份)
葫芦茶	1.9~2.1 份
枸杞叶	1.3~1.5 份
四戳口	0.1~0.3 份
鸭脚叶	0.4~0.6 份
三丫虎	1.4~1.6 份
油茶果	1.4~1.6 份
百部	0.9~1.1 份
面粉	19.9~20.1 份
细叶息麻头	0.9~1.1 份
麦粉	9.9~10.1 份
人字草	0.2~0.4 份
糖	29.9~30.1 份
牛大力	0.2~0.4 份
香料	19.9~20.1 份
包针	0.2~0.4 份
玉米粉	9.9~10.1 份

制备方法:可将各组分用普通的粉碎机分别碾碎,再将其按各组分的质量份以普通方式混合搅拌均匀即可。

产品特点:本品灭蝇效果好,于人畜安全,且药效持久。

实例112. 阿维菌素和灭蝇胺的组合物

原料	配料比(质量份)
灭蝇胺	1~80 份
阿维菌素	0.1~50 份

其余为在农药中允许使用和可以接受的溶剂和助剂成分。

制备方法:将各组分依照配料比按该类产品常规生产方法制备。

产品特点:本品的复配型杀螨组合物能在保持上述两种农药各自

优势的前提下,又克服了其各自所存在的问题和不足,且防效还可分别高于现有农药灭蝇胺和阿维菌素的数倍,其毒性有所降低,属于低毒类的农药。

实例113. 灭蝇剂(1)

原料	配料比(质量份)
三氟氯氰菊酯	0.019～0.021 份
高效氯氰菊酯	0.004～0.0044 份
丙酮	9.5～10.5 份
吐温-80	3.8～4.2 份
水	85.3～86.7 份

制备方法:将各组分依照配料比按该类产品常规生产方法制备。

产品特点:本品解决了传统灭蝇药物毒杀效果差、对人危害大、容易使蝇类产生抗药性、药剂的持久性差,且产品成本高的技术问题。

实例114. 灭蝇剂(2)

原料	配料比(质量份)
葫芦茶	12～20 份
高效氯氰菊酯	0.1～0.3 份
百部	0.5～1.5 份
面粉	15～30 份
香精	0.01～0.03 份
糖精	1.2～1.8 份
水	补足100 份

制备方法:将各组分依照配料比按该类产品常规生产方法制备。

产品特点:本品灭蝇效果好,于人畜安全,且药效持久。

实例115. 无毒灭蝇剂

原料	配料比(质量份)
羟基氯化铝	0.3～0.5 份
拟除虫菊酯	0.05～0.15 份

氧化钙	46~48 份
金刚烷	6~10 份
去离子水	75~78 份

制备方法:将各组分依照配料比按该类产品常规生产方法制备。

产品特点:本品制作原料简单,成本低,且灭蝇剂中含有的化学成分分量较低,对人体不会造成负面危害,没有毒性,弥补了一般灭蝇剂的不足。

实例 116. 灭蝇胺悬浮剂

原料	配料比(质量份)
灭蝇胺	5~50 份
润湿分散剂	1~10 份
消泡剂	0.2~5 份
增稠剂	0.3~10 份
防冻剂	1~5 份
稳定剂	0.01~10 份
促渗透剂	0~10 份
去离子水	补足 100 份

制备方法:将灭蝇胺原药与润湿分散剂、增稠剂、稳定剂、消泡剂、促渗透剂、防冻剂和水一起于球磨机中球磨成悬浮剂。

产品特点:本品的杀虫剂不仅防效好,而且对人、畜、害虫天敌及其他有益生物安全,避免了大量有机溶剂对环境的污染,该制备工艺简单,成本低,可广泛推广应用。

实例 117. 杀虫灭蝇喷雾剂

原料	配料比(质量份)
桉叶油	0.5~3 份
除虫菊精	3~7 份
芳香剂	0.1~0.5 份
水	90~95 份

制备方法:将上述各原料按所述的质量份混合后装入喷雾容器,

即得成品。

产品特点:本品配方简单合理,使用方便,杀虫效果好,不仅能杀虫灭蝇,也可以杀灭苍蝇、蚊虫滋生的虫卵,有效地保护人们的身体健康。

实例118. 含斑蝥素的灭蝇毒饵

原料	配料比(质量份)
斑蝥素	0.05~0.10 份
家蝇信息素	0.04~0.16 份
奶粉	50 份
琼脂	3 份
水	100 份

制备方法:称取奶粉,加水溶解后再加入琼脂,加热煮沸,使其呈黏稠状;待温度降至30℃左右时,按质量配比分装;最后,加入斑蝥素和家蝇信息素,搅拌均匀,凝固后倒出,制得含不同剂量斑蝥素的家蝇诱杀毒饵。

产品特点:本品提供的含斑蝥素的灭蝇毒饵,是以斑蝥素和家蝇信息素作为有效成分,作为毒饵对家蝇引诱之后通过斑蝥素对其毒杀,以达到防治控制的目的。斑蝥素作为一种生物毒素,对家蝇具有高效的毒杀效果,其浓度越高毒杀效果越高,在浓度达到0.10 份时,48h 之后对家蝇的诱杀率可达90%以上。

实例119. 天然无毒灭蝇剂

原料	配料比(质量份)
白头翁	4~8 份
油茶果	3~8 份
百部	2~4 份
枸杞叶	1~3 份
人字草	0.1~0.5 份
白糖	20~30 份
香料	0.1~0.4 份

酒精	0.2~0.4 份
阿魏	2~5 份
麦粉	5~8 份
薄荷脑	1~3 份
水	60~80 份

制备方法:将各组分依照配料比按该类产品常规生产方法制备。

产品特点:本品天然无毒,成本低,药效持久,对人畜安全且不污染环境。

实例 120. 纯中草药杀灭蝇蚊剂配方

原料	配料比(质量份)
曼陀罗	2~10 份
桉树叶	5~10 份
柏兰壳	1~5 份
苍术	2~5 份
天竺葵	3~5 份
青蒿	10~15 份

制备方法:将曼陀罗、桉树叶、柏兰壳、苍术、天竺葵、青蒿小火熬制 45min,将淬出液加入适当比例的酒精中,喷洒于所需地方,具有良好的杀蚊效果。

产品特点:对蚊虫及家蝇有显著的高效杀灭作用。其植物香味自然清淡,且对人体无刺激无副作用。该产品制造方便,成本只有酒精配制同类产品的一半。

(六)灭蟑螂剂

实例 121. 灭蟑螂药(1)

原料	配料比(质量份)
残杀碱	0.5~0.8 份
氯菊酯	0.2~0.4 份

烯丙菊酯	0.008～0.012 份
高氯	0.2～0.4 份
水	补足 100 份

制备方法:将上述比例的组分溶于水中混匀,根据本领域熟知的技术制成包装于加压罐中的喷雾剂。

使用方法:将制成喷雾剂形式的灭蟑螂药,每隔 6h 在蟑螂容易出没的地方喷洒 2～3 下。

产品特点:本品具有药性更持久、杀蟑螂效果更好等优点。

实例 122. 灭蟑螂药(2)

原料	配料比(质量份)
丙烯酸	18～25 份
食糖	3～7 份
磷酸酯	7～12 份
动植物油脂	2～6 份
右旋苯氰菊酯	22～30 份

制备方法:将上述比例的组分混匀,然后包装装袋,即得成品。

产品特点:本品灭蟑螂效果好、于人畜安全,且药效持久。

实例 123. 灭蟑螂药(3)

原料	配料比(质量份)
氟虫腈	0.1～0.5 份
苯甲酸	0.2～0.3 份
胺菊酯	0.5～1.5 份
硼酸	6～13 份
水	补足 100 份

制备方法:将上述比例的组分溶于水中混匀,根据本领域熟知的技术制成包装于加压罐中的喷雾剂。

产品特点:本品的灭蟑螂药可彻底杀灭蟑螂,不会使蟑螂形成耐药性。

实例 124. 灭蟑螂药(4)

原料	配料比(质量份)
猫爪草	2 ~ 4 份
轻粉	1 ~ 2 份
臭梧桐叶	1 ~ 3 份
五倍子	3 ~ 5 份
雷丸	2 ~ 3 份
香精	0.2 ~ 0.5 份

制备方法:将上述组分粉碎后混匀,然后包装即可。

产品特点:本品不仅能够快速杀灭蟑螂,而且使用方便、成本低,采用纯天然的杀虫药物,天然环保,不会对周围环境造成污染,适合各个场所使用。

实例 125. 灭蟑螂膏

原料	配料比(质量份)
硼酸	25 ~ 40 份
奶粉	25 ~ 40 份
白糖	4 ~ 8 份
水(30 ~ 40℃)	20 ~ 30 份
蜂蜜	1 ~ 2 份

制备方法:将硼酸、奶粉、白糖、蜂蜜和水混合搅拌而呈膏状即得成品。

产品特点:本品使用方便,成本低,对人畜无害,使用后,可以快速灭绝蟑螂。

实例 126. 杀灭蟑螂、蚂蚁的黏性诱饵

原料	配料比(质量份)
蜜	92 ~ 98 份
糖	1.5 ~ 7.5 份
香油	0.4 ~ 0.5 份

制备方法:将各组分依照配料比按该类产品常规生产方法制备。

产品特点:根据本品的特殊配料,可提高对蟑螂、蚂蚁的诱食引力,进而改善其适口性及增加其取食量。

实例127. 杀蟑螂粉剂

原料	配料比(质量份)
硼酸	30 份
干瓜蒌皮粉	2 份
面粉	62 份
黄豆粉	5 份
食用油	1 份
胭脂红	0.5 份

制备方法:配制时先将硼酸和干瓜蒌皮破碎成粉末,再将面粉和食用油混合炒熟,黄豆炒熟后粉碎,所有干炒物品均不能烧焦,然后按上述配比将各组分混合,在搅拌过程中按药粉每100g质量外加50mg胭脂红调色,再过筛,所得粉剂呈淡红色。由于配方中加入中草药瓜蒌皮粉,可增强蟑螂的胃毒作用,从而提高药效。

产品特点:本品由于主料中加入 中草药瓜蒌皮粉,可增强蟑螂的胃毒作用,从而提高药效。

实例128. 杀蟑螂颗粒剂

原料	配料比(质量份)
硼酸	28 份
干瓜蒌皮粉	2 份
溴氰菊酯	微量
面粉	33 份
黄豆粉	33 份
鱼粉	3 份
食用油	1 份
蜂蜜	10 份
水	40 份

制备方法:配制时先将硼酸和干瓜蒌皮粉碎,将面粉和食用油搅

拌后炒熟,黄豆炒熟后粉碎,注意干炒物品都不能烧焦,然后将溴氰菊酯以及除水和蜂蜜外的各组分混合,充分搅拌加入水和蜂蜜进行黏合,再用机器压片和压条烘干后制成淡黄色颗粒。

产品特点:本品由于加入了微量溴氰菊酯和中草药瓜蒌皮粉,可促使蟑螂兴奋,使蟑螂加速食入毒饵,增加蟑螂的胃毒作用,从而提高药效。

实例129. 诱杀蟑螂的胶饵

原料	配料比(质量份)
硼酸(和/或硼砂)	10~35 份
引诱剂	5~15 份
取食刺激剂	30~78.5 份
稳定剂	5~15 份
防腐剂	0.5~8 份
缓释剂	1~5 份

制备方法:按质量比配伍、混合、搅拌,制成胶体后包装。(各组分之和为100份)

产品特点:本品对蟑螂有特殊引诱效果,诱杀效果极强。配方中添加了缓释剂,使药效期限长达4~6个月。不仅可灭杀蟑螂,也可以引诱、杀灭蚂蚁、蛀虫等害虫。

实例130. 天然除虫菊素蟑螂诱杀油剂

原料	配料比(质量份)
天然除虫菊素	0.1~10 份
植物源增效剂或化工合成增效剂	0.1~100 份
渗透剂为天然除虫菊素含量的	1~2 份
稳定剂为天然除虫菊素含量的	1~2 份
溶剂	补足100 份

制备方法:

(1)按量称取除虫菊素精油置于烧杯中。

(2)将增效剂倒入烧杯中,充分搅拌均匀。

(3)再将稳定剂倒入烧杯中,充分搅拌均匀。

(4)再将渗透剂倒入烧杯中,充分搅拌均匀。

(5)再加入植物源溶剂搅拌均匀,即可得天然除虫菊素蟑螂诱杀油剂。

以上所有步骤均在常温下进行配制,在连续搅拌条件下,每隔10min逐一加入各配料。

产品特点:本品的天然除虫菊素蟑螂诱杀油剂以喷雾方式喷雾到蟑螂经常出没地方达到触杀、诱杀蟑螂,同时此油剂对白蚁、黑蚂蚁等许多种蚂蚁也有很好的防治效果。天然除虫菊素蟑螂诱杀油剂多采用天然辅料,易降解,对环境友好,对人体安全。

实例131. 诱杀蟑螂的饵剂

原料	配料比(质量份)
蟑螂胃毒剂	0.1~5.0 份
琼脂	0.5~2.0 份
甘油	5~30 份
红糖	0.5~2.0 份
白糖	1~10 份
卡拉胶	0.1~2.0 份
卡波姆	0.1~2.0 份
水	补足 100 份

制备方法:将各组分混合均匀后搅拌成膏状或糊状,检验,包装,即得成品。

产品特点:本品的饵剂性和杀伤力强,在各类场所均能引诱蟑螂群体性取食。现场试验时,一般 5min 就会引诱蟑螂出来取食,10min死亡。2h 即可完成蟑螂群体性取食、死亡的过程。

实例132. 杀灭蟑螂的胶状诱饵剂

原料	配料比(质量份)
吡虫啉	2~3 份
白糖	20~30 份

67

海藻胶	2～5 份
山梨醇	10～15 份
诱虫烯	1～2 份
二氧化硅	8～15 份
水	900～1200 份

制备方法:将白糖、海藻胶、山梨醇放置于瓷质或不锈钢容器中,再加入水在50～80℃的温度下煮30～40min;放入吡虫啉、诱虫烯,并用均质搅拌机搅拌50～70min后加入二氧化硅,搅拌25～35min,即得成品。

产品特点:是利用非牛顿型流体的特性,选择适当的增稠剂,使杀蟑胶饵可在垂直面上使用;并配以对蟑螂具有强烈引诱作用的食品原料及蟑螂信息素,选用对人体微毒但对蟑螂具连锁杀灭作用的有效成分。

实例133. 粉剂型蟑螂饵料

原料	配料比(质量份)
杀虫剂	1～3.0 份
复合取食刺激物	80～85 份
防腐剂	0.5 份
填充剂滑石粉	补足100 份

制备方法:

(1)复合取食刺激物以榨油厂生产下脚料花生麸为主料,用气流粉碎机研磨打碎后,与面粉、红糖、奶粉以2:1:1:0.25的比例进一步混合混匀,待用。

(2)将杀虫剂与滑石粉充分混匀后,加入防腐剂后一起倒入气流粉碎机,进行充分研磨混匀,待用。

(3)将步骤(1)所制成的取食刺激物原料和步骤(2)所制成的原料一起倒入气流粉碎机,进行充分研磨混匀制成的粉剂饵料,分装,包装即得成品。

产品特点:本品具有取材低廉、制作简单、撒施方便、群体防效好、对人畜和环境安全等特点。

实例 134. 驱杀蟑螂剂

原料	配料比（质量份）
胺菊酯	8~12 份
生物炔丙菊酯	3~5 份
氯氟醚菊酯	0.2~0.5 份
三氯杀虫酯	0.1~0.5 份
乙醇(95%)	10000 份
水	5000~6000 份

制备方法：

（1）将配方量 90% 的乙醇置于容器中，于搅拌下依次加入胺菊酯、生物炔丙菊酯、氯氟醚菊酯、三氯杀虫酯，完全溶解后，根据需要加入适量香精、色素或不加，即得原液。

（2）将剩余的乙醇置于容器中，搅拌下加入水，再搅拌 5~10min，即得溶剂。

（3）将溶剂加入到原液中，搅拌 30min，即得成品。

可按不同的需要进行适宜的包装即得成品上市销售。

产品特点：本品具有配方设计科学、合理，原料易得，适用于蟑螂的驱杀，成本低，效果好等优点。

实例 135. 诱捕蟑螂药物

原料	配料比（质量份）
松香	40~50 份
菜油	20~25 份
肉粉	10~11 份
面粉	12~15 份
豆饼	2.5~4 份
水	2.5~4 份

制备方法：将松香与菜油充分混合后加热，直至混合物沸腾并呈胶状，作为黏合剂；将肉粉、面粉、豆饼加水搅拌、混合，作为引诱剂；将黏合剂与引诱剂充分混合后制成该药物。

产品特点：本品具有成本低廉，制备容易，能够有效地将蟑螂诱捕等优点。

实例 136. 高效杀灭蟑螂的颗粒剂

原料	配料比（质量份）
氯菊酯	15 ~ 35 份
胺菊酯	10 ~ 30 份
熟黄豆粉	25 ~ 30 份
面粉	10 ~ 20 份
鱼粉	5 ~ 15 份
蜂蜜	5 ~ 15 份
水	35 ~ 45 份

制备方法：

（1）将氯菊酯、胺菊酯、熟黄豆粉、面粉置于容器内充分搅拌，同时加入鱼粉，然后利用蜂蜜和水作为黏合剂，得到均匀的混合物备用。

（2）将上述步骤的混合物反复压挤搅拌，分成小块送上压型机压成薄片，再压成细条，最后烘干碾压破碎成颗粒剂即为成品。

产品特点：本品适用于住宅、宾馆、医院、饭店、办公室及仓库等场所，使用时只须撒到人们不易碰到的地面上，可吸收地面的潮气，而散发出诱引蟑螂的气味，从而保持长期有效。对人畜及植物均无毒害，对环境无污染，使用方便，杀灭蟑螂的效果可达95%以上，安全可靠。

实例 137. 含中药成分的灭蟑药

原料	配料比（质量份）
藿香	10 份
苦参	8 份
百部	15 份
僵蚕	8 份
蟑螂	15 份
蝇蛆	10 份
黄豆	30 份

| 红糖 | 20 份 |
| 洋葱汁 | 23～35 份 |

制备方法:将各组分依照配料比按该类产品常规生产方法制备。

产品特点:本品以中药等非化学药品为原料,使用安全,对人畜无毒,对环境没有污染,且蟑螂死亡率高达99%。

实例138. 长效灭杀蟑螂的药物

原料	配料比(质量份)
蛋壳粉	3～8 份
碳酸钙粉	2～7 份
硼酸	40～50 份
马铃薯	25 份
花生粉	15 份
食糖	5 份
水	适量

制备方法:先将蛋壳、花生炒香,粉碎成粉,再把马铃薯蒸熟打成浆加糖,然后加入其他组分充分拌匀,制成颗粒片或粉剂,晒干或烘干,装入袋、瓶即可。

产品特点:本品低毒、无臭,不污染环境,对人和禽畜安全,药效期长,灭蟑效果好,适合家庭、宾馆、饭店及飞机、火车、轮船、车站、码头等人群密集的地方使用。

实例139. 无毒灭蟑螂组合物

原料	配料比(质量份)
番木瓜酶	0～17 份
竹叶地丁多糖	48～70 份
乳糖	11～33 份
淀粉	19～41 份
苯甲酸钠	0～0.2 份
水	补足100 份

制备方法:将上述原料混合均匀制成膏剂或丸剂。

产品特点:本品无毒无味,对人体及环境无任何伤害,即使人误食也无事,使用简单,适用于住宅、办公室、工厂、仓库、餐馆、船舱、火车、飞机等任何室内环境,可同食物同置一处,不必担心儿童误食,十分安全可靠。其虽比有毒药物杀蟑稍慢,但能彻底永久地杀灭蟑螂,且蟑螂对其不产生抗药性,少见蟑螂尸体,因为蟑螂取食后会爬到下水道或室外死亡,也会吃同伴尸体,有连环杀蟑的效果。

实例140. 快速杀灭蟑螂药

原料	配料比(质量份)
烯虫乙酯	1～5 份
氟虫胺	1～5 份
芥菜粉	1～5 份
黄豆粉	30～70 份
饼干粉	5～10 份
香油	0.1～2 份

制备方法:先将烯虫乙酯、氟虫胺、芥菜粉、饼干粉、黄豆粉投入反应釜中混合搅拌,再加入香油进行调味,并制成小颗粒,检验、包装、出售。

产品特点:本品无毒,无刺激气味,对人畜无害,不会对环境造成新的污染,使用后可以快速灭绝蟑螂。

实例141. 蟑螂绝育剂

原料	配料比(质量份)
绝育剂(别嘌醇)	0.025～10 份
蟑螂喜食品炒面粉	4～4.9 份
玉米粉	4～4.5 份
红糖	0.1～1 份

制备方法:将上述各组分混匀即可。

产品特点:本品利用人用药物作蟑螂的绝育剂使用起到了很好的效果,经应用试验可达到彻底灭绝蟑螂的目的;毒饵对蟑螂具有明显的诱食效果,投药15～30天后,现场德国小蠊带荚雌虫的卵荚孵化率降至为0,并且该绝育剂属高效低毒,对人和牲畜无害;对环境无污染。

实例 142. 信息素蟑螂诱杀剂

原料	配料比(质量份)
面粉	45 份
白糖(或食用油)	10 份
硼砂	10 份
缓释剂	5 份
水	30 份
信息素(粉状物)	1~10mg/份

制备方法:按上述配比,将配料混合均匀,制成食料;再向该食料中添加信息素,搅拌均匀;将该饵料做成粉剂或颗粒剂使用。

产品特点:本品具有安全性好,诱食力强,无抗药性,不污染环境,可以长期防治,符合绿色环保、生态防治的特点。

(七)灭虱、螨、蚁、臭虫产品

实例 143. 杀灭臭虫的喷雾剂

原料	配料比(质量份)
煤油	70~90 份
丁香油	3~10 份
桉叶油	10~20 份
倍硫磷	1~5 份

制备方法:按上述配方配比,采用常规工艺,进行充分混合,搅拌均匀后装入喷雾器中即可。

产品特点:本品的一种杀灭臭虫的喷雾剂配方简单合理,杀灭臭虫效果好,具有高效、长效,对人畜无伤害,对环境无污染,使用安全,成本低廉,杀灭臭虫可除根。

实例 144. 杀臭虫药物

原料	配料比(质量份)
尼古丁	5～15 份
胡椒基丁醚	3～7 份
S·生物丙烯菊酯	25～35 份
除虫菊精	10～20 份
右旋苯醚菊酯	10～30 份
淀粉	15～25 份

制备方法:将各组分依照配料比按该类产品常规生产方法制备。

产品特点:本品可以快速击倒、迅速杀死臭虫,以水作稀释剂,为一空间喷洒浓缩剂,还可用在室内室外控制蚊子、苍蝇、飞蛾及其他害虫,也可以在家居、工业环境或公共环境中安心使用。本品用途广,易于水或油性溶剂混合,可用作热雾、冷雾或超低容量喷雾,本产品毒性低,在人与家畜存在的环境中均可使用,有淡淡的气味,处理后不留痕迹。

实例 145. 无害灭虱宠物沐浴露

原料	配料比(质量份)
柑橘皮	30～50 份
西柚皮	25～50 份
白癣皮	10～20 份
大蒜	20～30 份
甘草	10～20 份
苦参	8～15 份
桑白皮	12～20 份
蛇床子	7～15 份

制备方法:将上述原料熬制成汁,冷却后加入普通宠物沐浴露中,用于宠物洗澡时涂抹,灭虱效果明显。

产品特点:熬制后加入普通宠物沐浴露中,能在洁净宠物皮毛的同时起到杀灭虱虫的作用,同时性质温和,不伤害宠物皮肤。

实例146. 灭治白蚁及小菜蛾等害虫的复方生物杀虫剂

原料	每100mL杀虫剂混合液中含
阿维菌素	0.9~1.7g
苦皮藤植物有效成分提取物	1.5~15g

制备方法:将各组分在有机溶剂和乳化剂中充分混合即得成品。

使用方法:使用时,将上述杀虫剂用水稀释1000~3000倍对害虫如白蚁或小菜蛾等进行喷洒或喷灌即可。

产品特点:本品毒性低,对环境无污染,对人畜安全,对杀灭白蚁及小菜蛾等害虫有特效。

实例147. 白蚁防治剂

原料	配料比(质量份)
氯菊酯	0.28~0.6份
溴氰菊酯	0.001~0.01份
增效剂	1.3~2.6份
乳化剂	6.8~8.4份
溶剂	适量

制备方法:将各组分依照配料比按该类产品常规生产方法制备。

产品特点:本品成本低廉,对人畜和环境安全,在土壤中固定效果好,持效期长,防治效果好。本产品白蚁防治剂可用于白蚁预防的地基处理或用于砖混、钢混结构建筑物地上部分、古建筑白蚁危害、卫生害虫和竹、木蛀虫的防治处理。

实例148. 杀白蚁乳油

原料	配料比(质量份)
氯菊酯	8.0~23.0份
辛硫磷	6.0~14.0份
乳化剂	8.0~14份
增效剂	10.0份
除臭剂	0.1份
溶剂	补足100份

制备方法:将各组分依照配料比按该类产品常规生产方法制备。

产品特点:本品提供了一种长效、低毒、稳定性好、低成本的复配型杀白蚁乳油。

实例149. 杀白蚁剂

原料	配料比(质量份)
雷公藤提取物	10~20 份
溶剂	20~80 份
渗透剂	5~10 份
表面活性剂	5~10 份

制备方法:本品是将雷公藤采用酸水提取法、乙醇提取法,氯仿热提甲醇沉淀法和用溶剂直接浸提液经简单纯化提取所得,然后在此提取物中加入其他原料混合均匀,加工制成制剂。

产品特点:将提取物的制剂用于杀白蚁或对白蚁所在场所进行处理,所说的场所包括土壤或木材,所说的杀灭白蚁为各种各类的白蚁,它具有较好的杀灭效果。

实例150. 环保型白蚁诱杀剂

原料	配料比(质量份)
氟虫腈	0.001~0.004 份
松木屑	33~34.5 份
小米粉	28~31 份
糯米粉	22~25 份
白砂糖	8~9.25 份
山梨酸钾	0.2~0.249 份

制备方法:将各组分依照配料比按该类产品常规生产方法制备。

产品特点:本诱杀剂用于白蚁危害较大的地方,温度在17℃以上时都可施药。施药在主蚁道内、分群孔中或新鲜泥被泥线处。施药后要用土等盖上。对危害严重的地方,可在每20平方米内投一处药。本诱杀剂对环境无污染。本诱杀剂由经华中农业大学昆虫资源研究所于2003年5~10月在九峰国家森林公园作了诱杀试验,试验证实本诱杀剂诱杀效果能达到 93.33%,诱杀效果十分理想,值得大面积推广和应用。

实例 151. 防白蚁型木塑复合材料

原料	配料比(质量份)
塑料粒子	20 ~ 40 份
植物纤维	40 ~ 50 份
相容剂	10 ~ 15 份
母料	10 ~ 20 份
润滑剂	1 ~ 3 份
填料	5 ~ 10 份
颜料	2 ~ 5 份
功能助剂	2 ~ 5 份
母料:	
塑料粒子	50 ~ 60 份
无机防蚁剂	40 ~ 50 份
润滑剂	0.5 ~ 2 份
有机抗蚁剂	0.25 ~ 1 份

制备方法:

(1)母料制备:

①高速混合工序:将上述母料配方中的各种材料,投入转速为 650r/min 的高速混合机混合,混合时间为 10min。

②锥双造粒工序:使用 50 型锥形双螺杆造粒机,转速 80r/min,造粒温度控制为 100℃,电流为 30A,通过机头切粒风冷,制成母料,待用。

(2)木塑复合材料制备:

①高速混合工序:将上述配方中的各组分,投入转速为 1300r/min 的高速混合机混合,混合时间为 10min。

②造粒混熔工序:使用 75 型同向平行双螺杆造粒机,造粒温度为 180℃,电流为 140A。

(3)模具挤出成型工序:使用 65 型锥形双螺杆型材挤出机,温度在120~180℃,主螺杆各段的温度分别为120℃、130℃、140℃、150℃、170℃、180℃,型材模具为 140mm × 25mm(宽度 × 厚度)实心板,合流芯和模具的温度为 160℃,螺杆转速为 18r/min,挤出电流40A。

(4)后处理工艺:将挤出的板材经过砂光机和抛光机的处理,除去板材表面的润滑层从而达到似木的表面效果。

产品特点:本品防白蚁型木塑复合材料综合无机有机两种抗蚁剂的特点,在木塑加工和使用过程中保持抗蚁剂的活性,使木塑复合材料不仅能够抗白蚁还能对白蚁具有一定的杀灭作用,防蚁效果持久,解决了防蚁剂添加后,无机防蚁剂对产品机械性能破坏的问题,开发的木塑复合材料同时具有一定韧性强度和抗白蚁性能。

实例 152. 白蚁毒杀乳剂

原料	配料比(质量份)
伊维菌素	0.2~0.5 份
氮酮	2~5 份
乳化剂	5~10 份
溶剂	补足 100 份

制备方法:按上述组分配比,采用常规工艺充分混合均匀,分装即可。

产品特点:经毒力测定,该白蚁毒杀乳剂其有效药剂对三种常见白蚁,黑翅土白蚁、黄胸散白蚁、家白蚁的致死中量分别为 0.00233μg/每虫、0.0044μg/每虫、0.03μg/每虫,比氯丹、毒死蜱等对白蚁具有更强的毒力。通过试验,对白蚁具有很强的胃毒作用,其有效药剂对黄胸散白蚁的 LD_{50} 为 2.8246μg/每虫,对家白蚁的 LD_{50} 为 2.82μg/每虫。该白蚁毒杀乳剂完全可替代现有高残留毒杀剂,具有良好的灭蚁效果,且无环境污染,使用安全。

实例 153. 白蚁毒杀粉剂

原料	配料比(质量份)
伊维菌素	2~5 份
阿维菌素	2~5 份

氮酮	2~5 份
蚁巢粉	0.5~2 份
滑石粉	补足 100 份

制备方法:按上述配方配比,采用常规工艺,进行充分混合,经检测,分装即可。

产品特点:本品完全可替代现有高残留毒杀剂,具有良好的灭蚁效果,且无环境污染,使用安全。

实例154. 白蚁毒杀药饵剂

原料	配料比(质量份)
伊维菌素	1~3 份
阿维菌素	1~3 份
氮酮	1~3 份
菌圃粉	1~4 份
蔗糖	1~3 份
纤维粉	补足 100 份

制备方法:按上述配方配比,采用常规工艺,进行充分混合,经检测,分装即可。

产品特点:本品属于白蚁防治药剂技术领域。该白蚁毒杀药饵剂完全可替代现有高残留毒杀剂,具有良好的灭蚁效果,且无环境污染,使用安全。

实例155. 氟虫胺防治白蚁药

原料	配料比(质量份)
粉剂:	
氟虫胺(95%)	0.02~0.5 份
丙酮溶液	适量
香草醛	2~5 份
生淀粉	95~98 份

制备方法:按配比取氟虫胺,用丙酮溶液溶解,与香草醛、生淀粉拌均匀即得。

诱饵管剂：

氟虫胺（95%）	0.02~0.5 份
丙酮溶液	适量
香草醛	2~5 份
瓦楞纸	适量
诱饵管	适量

制备方法：按配比取氟虫胺，用丙酮溶液溶解，放入香草醛，用瓦楞纸浸液，将瓦楞纸装入诱饵管即得。

诱饵棒：

氟虫胺（95%）	0.02~0.5 份
丙酮溶液	适量
香草醛	2~5 份
松木屑（或麦麸）	30~50 份
甘蔗渣	20~40 份
蕨叶茎	20~40 份
白糖	2~5 份

制备方法：按配比取95%氟虫胺，用丙酮溶液溶解，和其他原料混合制成棒状。

产品特点：本品适用于各种类型的白蚁防治。

实例156. 新型灭螨虫洗衣粉

原料	配料比（质量份）
皂基	7~14 份
碳酸钠	8~12 份
肥皂	7~16 份
硅酸钠	9~16 份
次氯酸钠	6~17 份
荧光增白剂	5~18 份
香精	2~8 份
硫黄粉	1~10 份
蛇床子	1~10 份

五倍子	1~10份
地肤子	1~10份
大黄	1~10份

制备方法:将各组分依照配料比按该类产品常规生产方法制备。

产品特点:在洗衣粉中加入杀除螨虫的成分,不仅可以有效杀除螨虫,同时可有效抑制螨虫再生。

实例157. 用于杀灭宠物体表螨虫的喷剂

原料	配料比(质量份)
酒精	75~95份
氟螨脲	0.1~1份
辛硫磷	0.1~1份
中药组合物的提取物	5~20份
丁香酚	0.1~1份

注:所述中药组合物由下述质量份的原料组成:百部15~20份,蛇床子3~5份,苦参3~5份,黄柏2~4份,白鲜皮3~5份,地肤子4~7份。

制备方法:向酒精中加入氟螨脲,搅拌均匀并完全溶解,再加入辛硫磷,搅拌完全溶解后,加入中药组合物的提取物,搅拌均匀后,最后加入丁香酚,搅拌均匀即可。

产品特点:本品为制备方法简单、使用方便、疗效好、安全性高的用于杀灭宠物体表螨虫的喷剂。

实例158. 用于防治犬螨虫病的外用药物组合物

原料	配料比(质量份)
药材浓缩浸膏	100份
乙醇(80%~90%)	5~10份
氮酮	1~3份
羊毛脂	6~10份
液体石蜡	10~20份

药材浓缩浸膏：

茴香	10～30 份
藿香	5～20 份
藜芦	10～30 份
苦参	5～15 份
樟树叶	5～15 份
藤黄	10～30 份
紫花地丁	5～20 份
薄荷	10～30 份
乙醇(80%～90%)	适量

制备方法：

(1)醇提药液的制备：将各原料药材混合,置于渗滤罐中,按原料药材总重量的 2～5 倍量加乙醇浸泡 6～12h,渗滤提取,继续添加乙醇直到渗滤液的体积为原料药材总重量的 8～15 倍,停止渗滤提取,过滤渗滤液,即得到醇提药液。

(2)浓缩浸膏的制备：将所述醇提药液放入浓缩设备,在压力为 -0.02～-0.05MPa、温度 40～70℃ 的条件下进行浓缩,浓缩至稠膏状,即得药材浓缩浸膏。

(3)制剂工艺：将上述制得的药材浓缩浸膏中加入乙醇、氮酮、羊毛脂和液体石蜡,加热至 40～70℃,冷却即得成品。

产品特点：在现代中药研究的基础上,结合上述药物的特点,针对犬螨虫病的症状及激发的细菌感染,采用醇提工艺,提高有效成分的提取率,采用科学的制剂工艺,增强药物的经皮吸收能力,制备适合犬用的中药外用制剂,全面杀灭犬内皮及表皮的螨虫,与传统的治疗药物相比,具有毒性低,并且适合用于所有犬种的优点。

实例 159. 治疗宠物螨虫感染的外用药剂

原料	配料比
多拉菌素	0.005～0.01g
冰片	1～5g
丙二醇	20～50mL

无水乙醇   40~70mL

制备方法:按配方比例,先称取冰片,用无水乙醇溶解,再加入丙二醇和多拉菌素,混匀即可。

产品特点:该外用药剂适用范围广,大、小动物和经济动物均可使用;给药方法简单,直接涂抹患处,油剂不溶于水,具有水性药剂无法比拟的优点。临床应用表明,本产品对宠物螨虫继发细菌感染引起的皮肤病的治愈率为80%及以上,1~2个疗程痊愈,愈后不复发,加之毒性小,成本低,使用方便,适于推广及工业化生产。

实例160. 防治室内螨虫的气雾剂

原料	配料比(质量份)
三氟氯氰菊酯	0.03~0.1 份
哒螨灵	0.10~0.3 份
增效剂	1.0~1.5 份
溶剂	30~50 份
抛射剂	50~70 份

制备方法:

(1)将三氟氯氰菊酯、哒螨灵、增效剂和溶剂加入反应釜中搅拌20min,混合均匀制成药液。

(2)将药液加入气雾罐中并封口,通过充气机将抛射剂充入气雾罐内并在气雾罐上加装喷盖即得。

产品特点:本品防治室内螨虫的气雾剂对室内螨虫具有良好的杀灭功效,特别适用于防治和高效杀灭如席梦思、地毯等载体上的螨虫。

(八)杀鼠剂

实例161. 代粮杀鼠诱饵

原料	配料比(质量份)
红黏土	60~70 份
植物油饼	15~20 份

麦子	10 ~ 15 份
植物油	1 ~ 2 份

制备方法:将除植物油外的各原料按配比过 30 ~ 40 目的细筛送入压粒机,切成橄粒状与致死量的杀鼠药混匀,再加入适量水搅拌均匀烘干,拌植物油即得。

产品特点:本工艺生产的诱饵具有节约粮食、成本低、原料来源广、适用于各种鼠药、性能稳定、杀鼠效果好及便于机械化生产和投饵等优点。本诱饵可广泛用于农牧林业灭鼠及城乡卫生防疫灭鼠工作。

实例 162. 杀鼠剂

原料	配料比(质量份)
硬化剂	15 ~ 25 份
吸水剂	2 ~ 6 份
油脂	1 ~ 4 份
食品添加剂	1 ~ 5 份
淀粉	补足 100 份

制备方法:将各组分按配方比例混合均匀,即得成品。

产品特点:本品具有低毒、安全、对环境无污染,对鼠类不产生抗药性、杀鼠效率高、生产成本低、工艺简单等功效。

实例 163. 安全无害的杀鼠剂

原料	配料比(质量份)
丙烯酸	40 ~ 60 份
膨润土	5 ~ 15 份
动植物油脂	1 ~ 12 份
苯巴比妥	5 ~ 15 份
硫酸氢钠	1 ~ 10 份
吸水剂	1 ~ 10 份
淀粉	30 ~ 50 份

制备方法:将各原料加入制备容器采用常规方法经均匀混合、粉碎、过滤制备而得成品。

产品特点:本品无毒无药物成分,对人畜安全,鼠类不产生拒食性,对环境无污染,而且灭鼠效果良好,适合长期广泛使用。

实例 164. 杀鼠药剂

原料	配料比(质量份)
从植物中提取的杀鼠活性成分	0.1~20 份
微胶囊包埋剂	0.1~30 份
气味掩蔽剂	0.1~30 份
取食引诱物质	18.7~98.6 份
防腐剂	0.1~0.3 份
警戒色素	1 份

注:所述杀鼠活性成分为从毒芹、曼陀罗、皂荚、生南星、生半夏、东莨菪中提取的一种或多种活性成分的混合物。气味掩蔽剂是包裹在微胶囊外的用于掩盖植物提取物的不良气味的大豆蛋白或玉米蛋白。

制备方法:

(1)将东莨菪提取物稀释成溶液,加入微胶囊包埋剂,用磁力搅拌器以 3000r/min 匀速搅拌 30min,使包埋剂均匀吸附在东莨菪提取物上。

(2)将气味掩蔽剂与步骤(1)所得物质混合均匀,使壁材均匀吸附在微胶囊外壁。

(3)将步骤(2)所得物质与取食引诱物质、防腐剂和警戒色素混合均匀,成型,粉碎,烘干,即得成品。

产品特点:由于此杀鼠剂的活性成分为植物提取物,能够在环境中完全分解,避免了对环境的污染,同时将植物提取物制成微胶囊,解决了其易氧化分解的缺点,提高了持效期,此植物源杀鼠剂为非急性杀鼠剂,害鼠食用后不会马上显现中毒症状,不会引起群体中其他害鼠的警觉和拒食,可用于有机生态农区、酒店、房屋等地的鼠害防治。

实例 165. 灭鼠诱饵

原料	配料比(质量分数)
稻谷	997.2‰~997.8‰
敌鼠钠盐	0.4‰~0.5‰

闹羊花	0.9‰ ~ 1.2‰
芝麻	0.1‰ ~ 0.3‰
山药	0.3‰ ~ 0.4‰
白糖	0.3‰ ~ 0.4‰

制备方法:将上述组分加水溶化、搅匀、加热煮沸、烘干,即得成品。

产品特点:本品具有对人、畜、禽无毒害,使用安全,鼠类爱吃不拒食的优点,鼠类只需吃15~20粒便可中毒,且四天以后才会死亡,这样,使得灭鼠容易彻底。

实例166. 制灭鼠药的诱鼠剂

原料	配料比(质量份)
蜂蜜	65~73 份
鱼粉	4~26 份
甜菊饴糖	2~15 份
柠檬酸	4~25 份
芝麻粉	4~25 份

制备方法:将蜂蜜盛入容器,再逐一加入其余各组分,搅拌均匀成一种黏糊状物料即成,然后便可封装待用。

产品特点:本品由甜、咸、酸、香若干组分构成,对老鼠有很强的引诱力。拌入杀鼠毒药后再与饵料相伴制成的灭鼠药投放后灭鼠效果好;组分含量不同具有各不相同的气味,交替使用能消除老鼠对灭鼠药的记忆,不致拒食。

实例167. 生化灭鼠药

原料	配料比(质量份)
灭活粪链球菌培养体	3~5 份
硫酸钡	20~80 份
地芬诺酯	0.01~0.05 份
引诱剂	15~75 份

注:引诱剂为粮食和食用油。

制备方法:将各组分依照配料比按该类产品常规生产方法制备。

产品特点:本品无毒、对环境无污染,采用靶位定向技术灭鼠,灭鼠效率高,威力大,而且成本低,配制方便,特别适合于粮库、仓库、草原和家庭等地方使用。

实例168. 灭鼠剂

原料	配料比(质量份)
丙烯酸	25～35 份
离子碱	25～35 份
甘油酯	1～5 份
硫酸氢钠	1～5 份
硫酸钾	1～5 份
粗纤维素	3～10 份
氯化钠	1～5 份
防腐剂	1～5 份
动植物油脂	3～10 份
膨润土	10～25 份

制备方法:将各组分依照配料比按该类产品常规生产方法制备。

产品特点:本品无毒无药物成分,若人畜误食可饮食用油缓解,而且灭鼠效果良好,是一种安全、行之有效的灭鼠剂。

实例169. 灭鼠胶囊

原料	配料比(质量份)
水泥	15～25 份
干石粉	10～20 份
花生	10～20 份
芝麻	15～20 份
大米	10～20 份
黄豆	5～15 份

制备方法:将花生、芝麻、大米及黄豆分开炒熟,磨成200目的粉末,并将它们混合均匀;向上述粉末中加入水泥和干石粉,混合均匀;再将混合后的粉末以10g为单位装入医用胶囊内。

产品特点:使用时,先用针将胶囊刺破几个小孔,使香气四溢,放在老鼠经常出没的地方,当老鼠吃下去后,42.5级膨胀水泥、干石粉就会迅速吸收老鼠体内的水分迅速产生膨胀硬化,使老鼠因脱水、膨胀硬化而迅速死亡。并且这种灭鼠胶囊不会破坏自然环境,解除了对小孩安全的威胁,同时能高效地杀死老鼠。

实例 170. 灭鼠灭蝇的粘鼠粘蝇胶

原料	配料比(质量份)
氯化石蜡	70 份
过氯乙烯树脂	15 份
饴糖	15 份

制备方法:将氯化石蜡、过氯乙烯树脂和饴糖混合,加温熔化后装瓶、装袋或均匀涂抹于薄膜之上再封装。

使用方法:使用时,将胶液在硬纸板或木板上涂成圆圈形(可适当预热),厚约2mm,中心空白处可放上诱饵,可用于粘鼠;将胶液薄膜包装去掉可用于粘蝇。

产品特点:本品的优点在于无毒无害、环保卫生,灭鼠灭蝇效果好,用途广泛,生产成本低,使用方便简单,利于推广。

实例 171. 防治森林鼠害的生物毒素灭鼠药剂

原料	配料比(质量份)
玉米面	60~90 份
白面	6~20 份
木糖醇粉剂	0.1~10 份
果实种皮粉剂	0.3~5 份
海乐神粉剂	0.05~5 份
山梨酸粉剂	0.05~10 份

制备方法:

(1)准备原料:所述的各组分的质量份数备好粒度为40~80目的玉米面、白面、木糖醇粉剂、果实种皮粉剂、海乐神粉剂及山梨酸粉剂;所述的各组分的实际备料重量的合计值与自来水的重量份数比为20：(0.8~1.2)。

(2)调配湿料：

①将白面与海乐神粉剂充分搅拌至均匀。

②将木糖醇粉剂与山梨酸粉剂混合,再将其加入所备的自来水中,并将其调制成乳状液。

③将玉米面与果实种皮粉剂充分搅拌至均匀。

④将步骤①制得物与步骤③所制得的物料充分搅拌至均匀。

⑤将步骤④所制得的物料与步骤②所得物料充分搅拌至均匀,即得湿料。

(3)制成饵料:利用鱼饵打片机将上述湿料制成方便鼠类取食的颗粒状饵料。

(4)制得成品:将上述饵料充分晾干,包装成袋。

产品特点:本品提供的药剂是一种生物药剂,在使用过程中不会存在残毒,因而该药剂与现有技术相比具有不污染森林环境,不误杀有益生物,有利于保持生态平衡,使用安全可靠等突出特点。

实例172. 植物毒素灭鼠药

原料	配料比(质量份)
蓖麻毒蛋白	0.0001~5.0000 份
蓖麻碱	0.00001~2.00000 份
蓖麻变应原	0.0001~5.0000 份
引诱剂	少许

制备方法:将各组分依照配料比按该类产品常规生产方法制备。

产品特点:本品的灭鼠药生物活性稳定,对老鼠具有极强的诱惑力和杀伤力,适口性好,灭鼠效率高,无不良气味,吃剩产品可被微生物分解,不污染环境,特别适合于粮库、仓库、草原、学校、家庭和办公室等地方使用。

实例173. 无毒灭鼠组合物

原料	配料比(质量份)
起胀梗作用的原料	40~50 份

起诱食作用的原料　　　　　　　　　　50~60 份

注:所述起胀梗作用的原料可采用单一的白水泥,也可采用白水泥和石膏粉,其中白水泥占组合物总质量的 25~35 份;石膏粉占组合物总质量的 15~25 份;所述起诱食作用的原料可采用炒熟的糯米粉、黄豆粉、芝麻粉、猪肝以及猪精肉和白砂糖。

制备方法:称取白水泥 3.4 份、石膏 1.6 份,将石膏在粉碎机中粉碎再在磨粉机中磨成粉末;将猪肝和猪精肉切成颗粒状再在烘房内烘干,再称取猪肝颗粒 2 份,猪精肉颗粒 3 份,再将猪肝颗粒及猪精肉颗粒在磨粉机中磨成粉末;再将白水泥、石膏粉、猪肝粉、猪精肉粉混拌均匀;每袋 30g 用塑料袋装好在小型一口袋封装机上封口,待用。

产品特点:本品对人体无毒,老鼠爱吃,且灭鼠效果好。

实例 174. 雄性不育灭鼠剂

原料	配料比(质量份)
豆饼粉(或玉米粉)	10~25 份
麸皮	40~60 份
花生饼粉(或芝麻饼粉)	10~25 份
鱼粉	10~25 份
油脂	4~6 份

注:所述灭鼠剂由质量份数为 0.1~0.3 份雷公藤多苷,99~99.7 份的诱鼠饲料组成,其形状为不规则的碎粒。

制备方法:将各组分依照配料比按该类产品常规生产方法制备。

产品特点:雄性不育灭鼠剂及其制备方法,属于一种利用雄性鼠不育来降低鼠类数量的灭鼠剂。这种灭鼠剂不会产生二次中毒现象,同时又具有良好的灭鼠效果。

实例 175. 新型高效灭鼠药

原料	配料比(质量份)
稻谷	25~75 份
白糖	1~3 份
敌鼠钠盐	0.025~0.075 份

| 水 | 8～16 份 |
| 糖精 | 适量 |

制备方法：

（1）取新鲜吸水率高的稻谷装盆备用；取水和白糖另加适量糖精混合备用。

（2）将稻谷、水、白糖、糖精置入容器内混合后煮沸，再向煮沸后的稻谷内加入敌鼠钠盐，继续煮沸几分钟待全部溶化为止。

（3）将所有物料倒入盆内，隔几小时翻倒一次，待不见明水后进行晾晒或烘干即得成品。

产品特点：本品经过调味鼠类喜吃，灭鼠不择场合如粮库、大米、饲料、副食品加工场地、餐馆、超市、商场，食源丰富的鼠类一律清剿，不留一只，局部灭鼠达 100%。老鼠吃到药后，不但当即不死，反而大脑高度兴奋，到 96h 后，内脏大脑皮层发生慢性充血，大脑神经发生昏迷，不发生警示信号，后鼠永不拒食。

实例 176. 杀灭鼠类动物的药剂

原料	配料比（质量份）
藜芦	10～20 份
细辛	10～20 份
水	120～240 份

制备方法：将藜芦、细辛分别切成 1cm 的段，混合均匀后加水，煮沸至出现芳香浓郁的气味为止；再将所得溶液过滤，冷却后即得成品。

产品特点：本品具有高效、环保、低毒，没有拒食现象，没有二次中毒现象的优点。

实例 177. 黏凝灭鼠组合物

原料	配料比（质量份）
无机胶凝粉	10～25 份
雪花石粉	10～25 份
碳酸钙	10～15 份
丙酸钙	5～10 份

明胶	5～10 份
固化胶	3～5 份
黏胶	7～15 份
食饵	30～45 份

制备方法：

（1）将无机胶凝粉、雪花石粉、碳酸钙、丙酸钙、明胶、固化胶、黏胶进行混合形成混合物。

（2）将形成的混合物粉碎成粒度为 100～300 目的细末。

（3）将粉碎成细末的混合物和食饵放入搅拌罐内，在低于 30℃ 的室温下搅拌 0.5～2.5h。

产品特点：本品是利用高分子聚合材料生产出的环保灭鼠产品，不含任何有毒成分；老鼠不拒食，也不会产生抗（耐）药物性；在老鼠进食后，会进入洞穴撕咬同伴，自相残杀，有一鼠吞食、一巢死亡之奇效；对人及家畜、动物等不会发生二次中毒的现象，避免了现有灭鼠药的由于强毒性而造成的中毒事故和现有一些灭鼠药的高毒性造成对环境的污染，是一种较为理想的生态灭鼠产品。

实例 178. 灭鼠灵

原料	配料比（质量份）
马钱子	1～10.5 份
闹羊花	7.5～8 份
敌鼠钠盐	0.8～1.2 份
热水	200～250 份
粮食	1000～1200 份

制备方法：将马钱子、闹羊花研成粉末与敌鼠钠盐原粉均匀混合，加入热水搅拌成糊状混合物，再加入粮食搅拌 2～10min，使糊状混合物均匀黏附在粮食上即制成灭鼠灵。

产品特点：本品配方简单、制作容易、成本低，对鼠类的灭杀效果好；使用方便，对人和家禽无害，对环境无污染，不会发生二次中毒，安全性好。

实例 179. 生化灭鼠药

原料	配料比(质量份)
乳酸杆菌培养体	0.01~20 份
碳酸钡	0.25~5 份
马登定(氯鼠酮)	0.01~0.05 份
引诱剂	950 份

制备方法:取碳酸钡、马登定、乳酸杆菌培养体、引诱剂,将它们混合制成生化灭鼠药。

产品特点:本品利用乳酸杆菌进入老鼠体内后能生成抑制腐败菌繁殖的乳酸的原理,可有效防止老鼠尸体腐烂、发臭,解决了因老鼠尸体腐烂、发臭污染环境的问题。同时,本品灭鼠效率高,配制方便,制造成本低,特别适合于粮库、仓库、草原和家庭等地方使用。

实例 180. 填充型灭鼠剂配方

原料	配料比(质量份)
甲苯二异氰酸酯	30 份
聚醚树脂 204	10 份
邻苯二甲酸二丁酯	10 份
丙酮	10 份
磷化锌母粉(0.25%)	5 份
香精	2 份
发泡灵	1 份
水	5 份

制备方法:将各组分依照配料比按该类产品常规生产方法制备。

使用方法:发现鼠洞后,穿戴好防护用品,将鼠洞用水潮湿,摇动罐体,喷嘴插入鼠洞,慢慢按动枪柄产生泡沫状物质,以堵住鼠洞,以50~60 份为宜,使其膨胀,20min 内干燥,24h 内完成填充,将鼠洞填实。速效灭鼠剂磷化锌均匀分布于填充物之中,所含香精对老鼠有一定的引诱作用,因其填塞物坚硬、干固,被堵在洞里的老鼠必然啃食,达到灭鼠效果。

产品特点:本品既能用来作为城市建筑物、花园和绿地里各种鼠洞的填充型灭鼠剂,又可作为各种地下管道和鼠洞的填缝剂,特别适合于广大城市防鼠、填塞鼠洞使用,所用药剂均为国家允许使用的灭鼠药和化工原料,确保安全,环保。

实例181. 灭鼠药

原料	配料比(质量份)
香料	3~6份
乙醚	0.0014~0.0028份
颜料	0.5~1.0份
生粉	100~200份
阿魏	5~10份
樟脑	0.01~0.02份
溴敌隆母液	5~10份

制备方法:

(1)将乙醚置于生粉中搅拌均匀备用;将香料炒干、磨粉备用。

(2)将粉碎的香料与步骤(1)所得生粉混合,再与颜料、阿魏、樟脑、嗅敌隆母液混合,并搅拌均匀形成的粉剂即可。

产品特点:本品以香料为诱饵,对老鼠具有极强的诱惑力,吸引老鼠前来嗅、闻,微量的乙醚对闻到药物后的老鼠有迷魂作用,只要老鼠嗅、闻到本品后,本产品通过呼吸系统进入老鼠体内,药物在老鼠体内发生作用,从而达到灭鼠的目的,几天后老鼠陆续死亡,灭鼠效率高,无不良气味,成本低,对人畜及环境安全。

(九)粉笔

实例182. 无尘粉笔(1)

原料	配料比(质量份)
主料:	
硬化油	10~16份
硬脂酸	12~18份

白蜂蜡	3~6 份
巴西棕榈蜡	1~3 份
丙二醇	2~5 份
卵磷脂	1~2 份
脂肪醇聚氧乙烯醚	7~12 份
环氧大豆油	6~10 份
尼泊金酯	0.1~0.5 份
辅料:	
钛白粉	30~35 份
纳米碳酸钙	2~5 份
云母粉	6~10 份

制备方法:先将主料加热搅拌成乳液,再加入辅料搅拌,然后注入模具,经冷凝脱模后涂抹专用涂料即得成品。

产品特点:本品耐候性、保湿性好,书写润滑,字迹鲜亮,软硬度适中,不易折断,无毒,无味,使用及擦拭过程中无粉尘。所选用材料均属易得的可溶解性环保材料,生产过程无污染物产生。

实例183. 无尘粉笔(2)

原料	配料比(质量份)
石膏粉	20~45 份
碳酸钙	15~30 份
聚乙二醇	10~20 份
滑石粉	5~15 份
白色颜料(或彩色颜料)	2~10 份
聚乙烯醇	5~15 份
水	15~90 份

制备方法:将聚乙二醇、聚乙烯醇溶于水中搅拌均匀;加入滑石粉、白色或彩色颜料搅拌均匀;再加入石膏粉、碳酸钙搅拌均匀;浇铸成型并干燥即得成品。

产品特点:本品书写流利,颜色艳丽。

实例 184. 无尘粉笔(3)

原料	配料比(质量份)
石膏粉	40~50 份
钛白粉	20~24 份
超细碳酸钙	10~20 份
石蜡油	20~30 份
元明粉	2~4 份
氧化锌	2~4 份
水	50~60 份

制备方法:将各原料放入混炼机搅拌 60min 后,在 70℃ 的高温下干燥 30min,然后放在挤压机中挤压成形,即得到无尘粉笔。

产品特点:本品书写流利,不打滑,字迹清晰,不粘手。

实例 185. 无尘粉笔(4)

原料	配料比(质量份)
熟石膏	30~40 份
钛白粉	7~15 份
聚丙二醇	1~3 份
硅酸钠	0.5~1 份
白油	0.8~2 份
水	补足 100 份

制备方法:同"无尘粉笔(3)"。

产品特点:本品使用效果好,生产成本低。

实例 186. 无尘粉笔(5)

原料	配料比(质量份)
钛白粉	20~25 份
石膏粉	6~8 份
元明粉	4~7 份
滑石粉	5~9 份
甘油	6~10 份

爱尔兰苔	3~6 份
水溶性纺织乳蜡	2~5 份
水	补足 100 份

制备方法:同"无尘粉笔(3)"。

产品特点:本品具有良好的附着力,书写的字迹可以牢固附着在板面上而不产生粉尘,具有很好的凝固性及强度,硬度适中,书写流利。

实例 187. 稀土粉笔

原料	每 1000g 产品中含
熟石膏粉	968~970g
滑石粉	32~33g
稀土混合物	0.2~0.3g

制备方法:将稀土混合物加入 1900~2000mL 水中,搅拌使之溶解;将熟石膏粉、滑石粉加入稀土混合物的水溶液中,搅拌;在常温下注入模具中,固化 10min;脱模后在 60℃下烘干 50min 制成产品。

产品特点:本品具有可以降低粉笔造成的粉尘污染,色光纯正、色泽鲜艳、耐晒持久等优点。本发明的方法简单,容易实现。

实例 188. 再生硅塑粉笔书写黑板

原料	配料比(质量份)
废旧聚氯乙烯	30 份
二氧化硅(粉状)	60 份
三盐基硫酸铅	3 份
颜料	7 份

制备方法:将废旧聚氯乙烯进行粉碎,然后加入粉状的二氧化硅、三盐基硫酸铅、颜料,混合均匀后成型,

产品特点:本品具有不起皮,反光率低,安装运输方便,使用安全,可以再回收利用,终身不需要专业人员维修的优点。

实例189. 香味彩色无尘粉笔

原料	配料比(质量份)
硫酸钙	100 份
碳酸钙	100 份
聚乙烯醇	0.9 ~ 1 份
色素	0.5 ~ 1 份
香精	0.1 ~ 1 份
水	150 ~ 200 份
煤油	适量

制备方法:将硫酸钙和碳酸钙研磨,过80目筛,进行混合,然后向混合粉中加入水,再加入色素和香精,充分混合搅拌后待用。把上述混合物送入预先涂抹煤油的螺旋挤出机进行挤压,横孔内径约10mm,挤出的粉笔按需要的长度切断并进行烘干,烘干可在高温干燥箱中进行,也可在空气中自然干燥。将干燥后的粉笔用0.9 ~ 1份聚乙烯醇配成的10%水溶液进行浸入处理,再经干燥即可。

产品特点:使用本品书写更加流利、滑润,而且粉尘极少。

实例190. 贝壳粉笔

原料	配料比(质量份)
贝壳粉	10 ~ 100 份
石膏	0 ~ 90 份

制备方法:先将天然贝壳清洗,置入粉碎机中粉碎成200目的贝壳粉,将贝壳粉、石膏、聚乙烯醇溶液按配比置入搅拌器,贝壳粉和石膏总质量之和与聚乙烯醇溶液(10% ~ 15%)的质量之比为1 : (0.5 ~ 1),使之混合均匀,随即定量注入成型粉笔模具中,于常温状态静置使其完全硬化后脱模。天然贝壳清洗后可以用双氧水漂白。搅拌器混合时可以加入色素制成彩色粉笔。

产品特点:贝壳天然含有钙、磷、铁、镁等物质,无毒,用粉末状的贝壳粉制成的粉笔能有效降低或杜绝有害灰尘对教学环境的影响,有益于师生的健康。

实例 191. 褪色的白板用彩色粉笔

原料	配料比(质量份)
乳化蜡	40 ~ 45 份
硬脂酸	20 ~ 25 份
滑石粉	14 ~ 18 份
聚乙二醇	6 ~ 10 份
聚丙烯酸钠	1 ~ 2 份
发色剂	2 ~ 4 份
甘油	5 ~ 6 份
白炭黑	0.6 ~ 0.8 份

注:所述发色剂是甲基蓝、酸性品红、酸性 3 号绿中的一种或多种。

制备方法:将发色剂加入甘油搅拌润湿后,加入乳化蜡加热至90℃、搅拌使其完全熔化,然后逐步加入聚乙二醇、滑石粉、聚丙烯酸钠,分别熔化,搅拌均匀,最后加入硬脂酸和白炭黑搅拌均匀后。稍稍冷却后注入模具中,待其完全冷却定型后取出样品。

产品特点:本品制备方法简单,所制得的彩色粉笔在白板上书写流畅、字迹清晰,用擦除剂擦除即可褪色,不留痕迹,而且对皮肤没有刺激作用,绿色环保。

实例 192. 可自动褪色的彩色无尘粉

原料	配料比(质量份)
硫代硫酸钠	60 ~ 75 份
显色剂	12 ~ 16 份
滑石粉	3 ~ 9 份
羧甲基纤维素钠	0.6 ~ 1.0 份
九水合偏硅酸钠	10 ~ 20 份

注:所述显色剂由碳酸钠和酸碱指示剂组成。

制备方法:将酸碱指示剂和碳酸钠混合,滴加无水乙醇至稠糊状,将熔融的硫代硫酸钠和九水合偏硅酸钠倒入其中混合均匀,加入滑石粉和羧甲基纤维素钠搅拌均匀,填充入模具内,晾干,覆膜即可。

产品特点:本品可自动褪色、环保无毒、不沾手、无粉尘。

实例193. 无尘环保粉笔

原料	配料比(质量份)
钛白粉	30~40 份
硫酸钙	15~20 份
硬脂酸	15~25 份
豆油	5~10 份
石蜡	5~10 份
滑石粉	1~5 份
颜料	0~1 份

制备方法:将各原料混合后加入反应釜,在温度为300~330℃的条件下,搅拌2h,然后将反应釜中的原料注入粉笔成型模具中,经过对该成型模具的冷却,固化,即得成品。

产品特点:本品不含有毒、挥发性物质,无毒无味,环保,有助于教学环境的改善。

实例194. 环保彩色无尘粉笔

原料	配料比(质量份)
滑石粉	100~200 份
植物性棕榈油	65~85 份
煤油	45~65 份
表面活性剂	100~180 份
碳酸镁	40~65 份
钛白粉	250~450 份
甘油	15~35 份
颜料	1.0~30 份
胶黏剂	80~160 份

制备方法:先将碳酸镁、滑石粉及钛白粉混合,加水调匀使成薄浆,再加入颜料、表面活性剂、甘油和胶黏剂,然后迅速浇入预涂有植物性棕榈油、煤油的金属模型各孔内,经过30~60min后全部凝固,即

可将模型拆开,取出晒干即成。

产品特点:本品配方科学合理,制造成本低。该粉笔使用时不产生粉尘,质地细腻柔韧,书写流畅,色彩鲜艳明亮,不易断裂破碎,无尘粉笔可以减少由粉尘诱发的过敏和呼吸道问题如哮喘的概率。

实例 195. 无尘粉笔液

原料	配料比(质量份)
食用酒精	66 份
树脂	3 份
丁醚	1 份
纯净水	5 份
钛白粉	20 份
滑石粉	5 份

制备方法:先加入纯净水、食用酒精43 份;再加入丁醚进行保湿,搅拌 30min;然后在搅拌过程中慢慢加入树脂,均匀搅拌制成胶水;取制成胶水液体总量的 50 份,加入钛白粉和滑石粉进入分散机进行研磨20min;再加入剩下的 50 份的胶水和剩下的酒精,搅拌 25min,即得成品。

产品特点:本品可附着在各种光滑的平面或者黑板上,便于书写,字迹清晰,易擦掉,不产生粉尘,安全环保,使用方便。

实例 196. 白垩教学粉笔

原料	配料比(质量份)
白垩粉	10 ~ 50 份
二氧化钛粉	1 ~ 10 份
石膏粉	补足 100 份

制备方法:先按配比配制粉料,再按粉料总质量的 70% ~ 100% 加入水制作浆料,然后注模成型,出膜干燥得到成品。

产品特点:本品无毒无味,在黑板上书写和擦拭黑板时无粉尘飞扬,不污染课堂空气,不影响师生的身体健康,大大降低教师职业病的发生率。

实例 197. 水溶性无尘粉笔

原料	配料比(质量份)
钛白粉	25～43 份
脂肪醇聚氧乙烯醚	15～30 份
甘油三硬脂酸酯	10～25 份
硬脂酸	12～25 份
硫酸钙	3～9 份
滑石粉	0.1～2 份

制备方法:将各原料加入搅拌釜中搅拌,混合均匀;再将得到的混合物注入粉笔模具内,压实成型后脱模,即得到成品水溶性无尘粉笔。

产品特点:本品采用了相对密度较大的钛白粉和硫酸钙,同时加入的甘油三硬脂酸酯、脂肪醇聚氧乙烯醚可起黏结作用的物质,使粉笔尘的相对密度和体积都增大,书写时不打滑,不产生粉笔灰,不仅可在湿的或干的黑板上书写,还可以在玻璃、树脂等非吸水性材质上使用,起润滑作用的滑石粉和水溶性的脂肪醇聚氧乙烯醚使本发明容易擦除,本产品不含挥发性有机溶剂,无毒无味。

实例 198. 环保无尘生化粉笔

原料	配料比(质量份)
碳酸钙	10～20 份
蓖麻油	9～13 份
豆油	6.5～8.5 份
椰子油	5～6 份
表面活性剂	14～16 份
碳酸镁	4.5～5.5 份
石蜡	3.2～3.8 份
钛白粉	25～45 份
甘油	2～3 份
颜料	0～3 份

制备方法:

(1)将碳酸钙、蓖麻油、豆油、椰子油、表面活性剂、碳酸镁、石蜡混合后放入热熔搅拌器以 1500~2000r/min,搅拌 10~12h,操作温度为 350~370℃,制成主料。

(2)将制得的主料和钛白粉、甘油及颜料混合均匀后,再次放入热熔搅拌器以 2500~2800r/min,搅拌 1~1.5h,操作温度为 95~105℃,制成原料。

(3)将搅拌器中的原料注入粉笔成型模具中,经过对该成型模具的冷却,使模具中的原料固化,脱模后得到成品。

产品特点:本品不仅质地细腻柔韧,书写流畅,色彩鲜艳明亮,不易断裂破碎,而且该产品无论干、湿,也无论在黑板、玻璃或任何物质表面书写,均字迹清晰,易于识别,最重要的是,在书写和擦拭过程中,没有粉尘出现。

实例 199. 多功能水溶性粉笔

原料	配料比(质量份)
石蜡	20~40 份
两性表面活性剂	5~10 份
聚醚类非离子表面活性剂	5~15 份
乳化剂	1~10 份
聚乙二醇	5~15 份
芥酸酰胺	0.1~0.5 份
聚乙烯吡咯烷酮的水溶性基料	0.1~0.6 份
颜料(钛白粉)	水溶性基料的 1.5~2 倍

制备方法:取石蜡、两性表面活性剂、聚醚类非离子表面活性剂、乳化剂、聚乙二醇、芥酸酰胺、聚乙烯吡咯烷酮的水溶性基料,放入水浴恒温不锈钢容器内,将温度恒定在 70~90℃,待所有物质全部熔化后使用分散机进行分散搅拌,将分散机的转速调至 3000~3500r/min,乳化 25~35min 后投入水溶性基料总质量 1.5~2 倍的钛白粉或 1.5~2 倍的钛白粉及其他彩色颜料,中速搅拌 25~35min 至均匀无气泡的物料;将制好的粉笔浆料倒入 70~90℃ 的恒温注料器,打开同步开关让物料注满装有水冷却的粉笔模具,冷却成型后根据需要的长度裁切包装即可。

产品特点:本品具有良好的可清除性,具有较强的耐候性,产品书写的手感优良,保证了书写的舒适性,而且工艺简单,没有废水废料产生,环保清洁。

实例200. 生化粉笔

原料	配料比(质量份)
沸石粉	2~4 份
伊利石粉	2~4 份
钛白粉	33~38 份
甘油	1~3 份
表面活性剂	15~20 份
精华油	7~9 份
食用油	1~2 份
石蜡	50~55 份
酒精	1~2 份
植物性棕榈油	16~22 份

制备方法:将各组分混合经搅拌、加热制成原料,最后把原料注入钢模、压制、冷却、切割成成品。

产品特点:本品使用时不产生粉尘,用湿布就能擦净,书写滑爽,字迹清晰;选用易得的环保材料,制作工艺简单,成本低廉。

实例201. 水溶性环保粉笔

原料	配料比(质量份)
硬脂酸酰胺	1~3 份
棕榈蜡	2~5 份
石蜡	5~7 份
蓖麻油	5~8 份
脂肪醇聚氧乙烯醚	10~15 份
聚乙二醇	10~15 份
硫酸钡	1~2 份
油酸丁酯	5~7 份

| 聚氧乙烯醚 | 6~8 份 |
| 钛白粉 | 30~35 份 |

制备方法:将蓖麻油、脂肪醇聚氧乙烯醚、聚乙二醇、油酸丁酯、聚氧乙烯醚按比例混合,搅拌加热成 75~85℃的浆液;将硬脂酸酰胺、棕榈蜡、石蜡、钛白粉和硫酸钡按比例加入到浆液中,搅拌混合均匀后得到粉笔浆料;得到的粉笔浆料注入粉笔模具,冷却后得到粉笔成品。

产品特点:本品无粉尘、保湿性好,耐磨性好。

实例 202. 水溶粉笔

原料	配料比(质量份)
成膜剂	5~10 份
润滑剂(聚乙二醇)	8~20 份
可擦剂(斯盘-80)	10~20 份
分散剂(棕榈酸)	25~40 份
消泡剂(有机硅)	0.5~2 份
颜料(钛白粉)	25~40 份

注:成膜剂为 58#、56#全精炼或半精炼石蜡,52#化工蜡,皂蜡,46#低熔点石蜡中的一种;颜料为钛白粉或立德粉与彩色颜料的混合物。

制备方法:

(1)水溶粉笔母料的制备:在电瓷反应釜中加入石蜡、聚乙二醇斯盘-80、棕榈酸,启动搅拌、加热开关,温度控制在 90℃,时间 2h,制成水溶粉笔母料。

(2)水溶粉笔的制备:取 325 目钛白粉(或立德粉与彩色颜料)、有机硅加入(1)制成的水溶粉笔母料中,温度控制在 50℃,200r/min搅拌 0.5h,使钛白粉完全润湿分散;将搅拌后的膏状浆料注入粉笔机的模具中,冷却后脱模而成。

产品特点:特别适用于在表面光滑的非吸附性教学绿板上书写低硬度、湿写清晰度高、易擦性好、对环境无污染。

实例203. 彩色无尘粉笔

原料	配料比（质量份）
硬脂酸	2～4 份
氢氧化钠	4～6 份
石蜡	4～6 份
颜料	0.5～1.5 份
碳酸钙	18～22 份
滑石粉	25～35 份
水	25～35 份
钠基膨润土	3～5 份

制备方法：采用搅拌装置将颜料、碳酸钙、滑石粉与水混合均匀；将硬脂酸、氢氧化钠、石蜡采用分散装置乳化，然后加入所得粉料中，混合均匀；轧料；成型；切断、烘干。本加工方法，配比科学合理，工艺先进，使物料混合更加均匀，有效提高产品的品质。

产品特点：本品颜色鲜艳、着色力强、字迹清晰、持久耐用，且粉尘少、垂落角度小。

实例204. 新型无尘粉笔

原料	配料比（质量份）
碳酸钙	30～40 份
钛白粉	10～20 份
滑石粉	15～25 份
水溶性蜡	10～20 份
甘油	5～10 份
凡士林	5～10 份
水	适量

制备方法：先将水溶性蜡和凡士林放入带有升温和搅拌装置的容器中加热熔化并保温在 70～80℃，再分别加入碳酸钙、钛白粉、滑石粉、甘油和适量的水搅拌均匀后倒入粉笔模具中注模成型，凝固后脱模即可。

产品特点：本品可始终保持湿性，粉粒间结合力好，不易落粉，表面光滑不沾手,书写时轻松自如无粉尘,同时降低了字迹在黑板上的附着力,使字迹的附着力强弱适宜而容易擦除。

(十)墨水

实例 205. 水性书写墨水组合物

原料	配料比(质量份)
染料	5~10 份
水溶性树脂	1~2 份
表面活性剂	0.01~1 份
水溶性有机溶剂	5~15 份
强电解性无机盐	1~5 份
水	补足 100 份

制备方法:向配制容器中先放入约 30 份水,在搅拌下向 30 份水中加入酸性蓝染料,得溶解的蓝色溶液,用另一容器加入 80℃ 左右的 20 份热水,加入红色、黑色染料,待溶解完全冷却后,在搅拌下加入配制容器中。其后在搅拌下向配制容器中依次加入预先制得的各染料溶液,并充分溶解混合其他组分组成混合物,搅拌 30min,静置 3 天,然后过滤,得一种蓝黑色墨水。

产品特点:本品加入了强电解性无机盐类的牢固剂与墨水显色物质互相化合,形成显色盐析,并以水溶性树脂悬浮分散,其颜色直接显现,达到墨水性能的提高。

实例 206. 颜料型水性墨水组合物

原料	配料比(质量份)
颜料色浆	5~15 份
溶剂	5~35 份
纯水	补足 100 份
颜料色浆:	
颜料	20~40 份

分散剂	10~30 份
去离子水	补足 100 份

注:所述分散剂优选柔性聚合物黏合剂:苯乙烯—α-甲基苯乙烯—丙烯酸聚合物。

制备方法:包括在先的颜料色浆制备过程,和在后的颜料型水性墨水组合物的制备过程。特别是在分散均匀的颜料色浆中加入亲水的柔性聚合物黏合剂,形成纳米级微粒胶囊,制得稳定的颜料色浆。

产品特点:与现有技术相比,本品提供的墨水具有出色的耐水性、耐光性和耐氧化性的优异功能。

实例207. 低气味环保型纳米颜料喷墨墨水组合物

原料	配料比(质量份)
N-乙基吡咯烷酮	1~10 份
碳酸丙烯酯	1~20 份
醚醇类溶剂、颜料、分散剂、树脂、塑化剂、表面活性剂与作为酸调整剂的环状叔胺化合物	50~80 份

制备方法:将各组分依照配料比按该类产品常规生产方法制备。

产品特点:本品具有良好的储存稳定性、喷墨稳定性与打印质量,喷头喷孔不易堵塞,打印图像具有高光泽度、耐刮擦性与耐候性,采用低毒性与低气味原料,墨水具有高闪火点,对人体与环境的安全性高,能兼具环保与维持打印质量的需求。

实例208. 可逆温变可擦中性墨水组合物

原料	配料比(质量份)
可逆温变颜料	30~50 份
剪切变稀黏度调节剂	2~5 份
黏度稳定剂	0~5 份
保湿润湿剂	5~20 份
防腐防霉剂	0.05~0.5 份
去离子水	14.5~72.95 份

注:所述可逆温变颜料选自颗粒分散尺寸在 1 ~ 50μm 的温变颜料或树脂包裹的可逆温变微胶囊;所述温变颜料的温度范围为 - 30 ~ 80℃;消色温度为 43 ~ 80℃,返色温度为 - 10 ~ - 30℃;所述可逆温变微胶囊包裹的树脂选自丙烯酸树脂或聚氨酯树脂或蜜胺树脂;所述剪切变稀黏度调节剂为使墨水的剪切变稀的指数控制在 2.5 ~ 5 的物质;选自魔芋胶、黄原胶、瓜尔胶、树胶、丙烯酸乳液和改性聚多糖中的一种或多种组合;所述黏度稳定剂选自三乙醇氨、氨水和尿素中的一种或几种组合;所述保湿润湿剂选自甘油、乙二醇、聚乙二醇 200、聚乙二醇 400、聚乙二醇 600、聚乙二醇 800、山梨醇和木糖醇中的一种或多种组合。

制备方法:

(1)将所述可接受量的去离子水和颜料搅拌分散均匀,用离心法分离分散液,控制可逆温变颜料颗粒直径为 1 ~ 6μm,得到可逆温变颜料分散液(也可以用可逆温变微胶囊)。

(2)将剩余的去离子水、防腐防霉剂、分散剂、保湿润湿剂和黏度稳定剂混合搅拌后加入可逆温变颜料分散液(或可逆温变微胶囊),并在搅拌状态下加入剪切变稀黏度调节剂,并随黏度的提高,适当提高搅拌速度,搅拌混合得到所述混合物;将混合物进行脱泡,即可得到成品。

产品特点:本品具有优良的书写性能,具有瞬时可擦性,长时间可擦性以及优良的再书写性能。

实例 209. 水性圆珠笔墨水组合物

原料	配料比(质量份)
还原染料和 KD 型活性染料或直接染料	5 ~ 12 份
碱性还原处理剂	0.2 ~ 2 份
辅料和水	补足 100 份
热水(80℃ ~ 90℃)	20 份
辅料和水	补足 100 份
辅料:	
水溶性有机溶剂	10% ~ 20%

pH 调节剂	2% ~ 10%
防锈剂	0.2% ~ 5%
防腐剂	0.2% ~ 5%
三羟甲基丙烷(或吗啉)	1% ~ 2%
润湿剂	0.5% ~ 5%
水	补足100%

制备方法：

（1）染料的制备：在配制容器中先制备还原染料染液，然后依次加入碱性还原处理剂，搅拌并升温至 50～60℃，使染料充分还原 10～15min，还原成染色隐色体备用，此为染料溶液 A；用另一容器加入 80～90℃的热水，加入直接染料、活性染料，充分搅拌均匀使其完全溶解，待溶解完全冷却后备用，此为染料溶液 B。

（2）辅料的制备：分别称取各种液体辅料依次投入同一容器中，用纯水稀释后备用，此为稀释液 C；其余固体辅料分别称取投入不同容器中用纯水溶解，如需要加热溶解的加热溶解完全，冷却至室温后将所有溶解液投入同一容器中备用，此为溶解液 D。

（3）墨水的配制：在搅拌下向配制容器中依次加入预先制得的染料溶液 A 和染料溶液 B，并在搅拌下依次加入预先制得的辅料稀释液 C、溶解液 D，最后加水至配制容器标线，搅拌 20～30min 充分混合，静置 3～7 天，用过滤机过滤后经检验达到标准即得。

产品特点：本发明墨水在书写后还原染料与空气接触氧化即可生成不溶于水的氧化体，为具有颜色的沉淀，牢固地附着在纸纤维中，使墨迹的水浸牢度和耐晒牢度十分突出，这是其用作永久性记录墨水的关键。

实例210. 喷墨颜料墨水组合物

原料	配料比(质量份)
颜料分散色浆	10～30 份
润湿剂	5～20 份
渗透剂	1～10 份
乳化蜡	0.1～10 份

去离子水	30~60 份

制备方法:将各组分依照配料比按该类产品常规生产方法制备。

产品特点:本品以乳化蜡替代传统配方中的树脂组分,使产品可在多种包装的介质上打印,采用压电式打印机直接打印,打印过程中无须加热和前后处理,打印效果优异,显示出细腻的画面感,优良的光泽性、耐摩擦性及可靠的打印性能,打印效率大大提升。

实例 211. 快速喷墨记录用黑色墨水组合物

原料	配料比(质量份)
黑色颜料	3~10 份
水溶性有机溶剂	16~40 份
表面活性剂	0.2~3 份
杀菌剂	0.2~1 份
pH 调节剂	0.1~3 份
去离子水	补足 100 份

注:黑色墨水组合物中分散剂的总量相对于黑色颜料的比例即 D/P 比大于 0.65,小于 1.5。

制备方法:将各组分依照配料比按该类产品常规生产方法制备。

产品特点:向墨水中添加分散剂,结果发现,分散剂极大地影响了墨的喷射特性,墨水快速喷射时发生重影、断线的情形得以改善;分散剂也是表面活性剂,加入分散剂对于喷嘴也有某种润湿效果,从而帮助墨滴在表面活性剂的作用下能够具有快速精准的喷射性。

实例 212. UV 光固化喷墨墨水组合物

原料	配料比(质量份)
纳米级颜料	(D90<200nm)1.0~6.0 份
紫外线阻隔剂	(D90<200nm)2~3 份
分散剂	1.0~6.0 份
预聚物	5~15 份
引发剂	3~6 份
润湿剂	0.5~1.0 份

活性单体　　　　　　　　　　　　　　适量

制备方法:UV光固化喷墨墨水,将上述组分按比例混合均匀后经0.22μm滤膜过滤,即得成品。

产品特点:本品广泛适用于LED光源和高精度打印机,在保证了高质量打印效果的同时,具备优异的耐候性和耐化学侵蚀性,即使固化后,油墨膜也不会出现老化变脆等现象。

实例213. 具有高耐候性黑色染料的喷墨打印用墨水组合物

原料	配料比(质量份)
多羟基醇	6～12份
溶剂	13～30份
表面活性剂	0.1～3份
pH调节剂	0～0.5份
杀菌剂	0.1～0.3份
媒介黑染料色浆	20～40份
去离子水	补足100份

制备方法:将上述原料按比例混合,经过高速搅拌均匀、静置,用滤膜逐级滤后,得到本品。

产品特点:本品具有高耐候性黑色染料的喷墨打印用墨水组合物具有极高的耐日晒牢度和耐臭氧性能,打印品质优良,光学密度高,保质期长,且不堵塞喷嘴。

实例214. 不褪色标记墨水组合物

原料	配料比(质量份)
染料	6～10份
松香	10～15份
松节油	1～2份
蓖麻油	0.3～0.5份
尿素	0.5～1份
乙醇	80份
树脂	1份

防腐剂 0.01 份

香精 少量

制备方法:将各组分依照配料比按该类产品常规生产方法制备。

产品特点:本品表面光泽好、较易干、难擦掉。放置水中浸泡一个月仍擦不掉,在阳光下暴晒一个月也擦不掉,光泽仍然较好。将其放置于烘箱中在100℃下烘烤一周,仍擦不掉且光泽好。

实例 215. 喷墨打印用的防日晒红色喷墨墨水组合物

原料	配料比(质量份)
多羟基醇	8～15 份
溶剂	13～30 份
表面活性剂	0.1～3 份
金属络合染料色浆	7～25 份
pH 调节剂	0～0.5 份
杀菌剂	0.1～0.3 份
辅助防晒剂二苯酮-9	1～5 份
去离子水	补足 100 份

制备方法:取金属络合染料,加入到盛有去离子水的电加热搅拌釜中,边搅拌边加热,待温度达到80℃后再搅拌1h,以保证加入的染料粉体全部溶解后,再用5μm 的 PP 滤芯进行粗过滤,然后放入具有可以去除相对分子质量3×10^4 以上物质的超滤膜和能去除氯化钠的纳滤膜组合过滤器中去除副产物和氯化钠。在纯化的过程中可补充去离子水,以保证膜的通透量,并检测滤出的液体的电导率。当电导率在 20mS/cm 以下时,停止加去离子水,继续纳滤并通过分光光度计对染料色浆的浓度进行检验,待达到 15%～20% 的所需浓度后即满足要求。此时可停止纯化并装桶,待配制墨水。将剩余原料按照配比经高速搅拌均匀、静置,用滤膜逐级过滤后,即得本品。

产品特点:本品具有极高的日晒牢度和水洗牢度,打印品质优良,光学密度高,图像色彩艳丽,保质期长,且不堵塞喷嘴。

实例 216. 光敏氧化褪色墨水组合物

原料	配料比(质量份)
色素	3 ~ 6 份
乙醇	40 份
水	50 份
CMC	0.1 份
APG	0.05 份
脂肪醇聚氧乙烯醚	0.05 份
甘油	2 ~ 3 份
光敏剂	0.1 ~ 1 份
防腐剂	0.01 份
防褪色剂	0.1 ~ 5 份
香精	少量

制备方法:将以上原料按照配比经过高速搅拌均匀、静置,用滤膜逐级过滤后,即得本品。研究防褪色剂的加入量,根据实际需要来控制光敏褪色时间。向其中加入不同量的防褪色剂控制褪色时间,即可制得在1min、5min、10min、30min 及 1h 内褪色的光敏氧化褪色墨水。

产品特点:本品适合白板教学和儿童书写练习用墨水,光敏氧化褪色墨水组合物的特点是:采用植物色素为主要发色原料环保无毒,固体物用量较少几乎没有粉尘污染;墨水可光催化氧化褪为无色不用擦出即可再写,且有蓝、紫、红三种颜色;可根据需要在 1min、5min、10min、30min 及 1h 内褪色;用水擦出时也可褪为无色物质。

实例 217. 高光密度、低渗透性的黑色颜料墨水组合物

原料	配料比(质量份)
色料	3 ~ 4.5 份
丙三醇	5 ~ 15 份
多羟基醇	6 ~ 10 份
表面活性剂	0.01 ~ 2 份
中和液(pH > 9)	3.5 ~ 5.5 份

注:色料选自市售的水性自分散型炭黑色浆,即 CAB - O - JET300 或 CAB - O - JET200 或 Acryjet extreme Black 170 或 Acryjet extreme Black 125 或 Aqua Black 8000 中的至少一种或一种以上的混合物,色料折算成炭黑固含量;表面活性剂选自非离子型的炔属二醇氧化乙烯加成物。

制备方法:

(1)中和液制备:选用 1 倍的偏苯三甲酸单酐加入去离子水,室温下搅拌使其充分溶解,加入 1.2 倍物质的量浓度的氨中和,形成含盐的中和液。

(2)将多羟基醇在去离子水中搅拌充分溶解,或混合均匀,将表面活性剂、中和液及配方中其他物料逐一加入,搅拌混合均匀,并保持搅拌 30 ~ 120min。

(3)用 1.0μm 深式过滤器,如 1.0μm PULL 聚乙烯醇滤芯过滤。

产品特点:本品可实现在不同打印介质上获得较高的光密度值,缓解了图像质量对打印介质的依赖性。这种墨水即使在循环使用的介质上也能打印出清晰乌黑的字符,具有墨水稳定性好,喷射流畅,打印头耐用等优点。

(十一)化学冰袋、热袋及氧气发生剂

实例 218. 联合药物治疗的化学冰袋

原料	配料比(质量份)
芒硝	5 ~ 15 份
食用盐	5 ~ 15 份
水	补足 100 份

制备方法:该联合药物治疗的化学冰袋包括芯层和包装层;芯层是由化学溶液浸润无尘纸得到;化学溶液由上述原料质量份数的组分制成;包装层包括亲水层、隔水层以及外包层;亲水层与所述芯层的一面黏合,隔水层与所述芯层的另一面黏合,且亲水层和隔水层的边缘封合在一起而形成一个内包体;外包层包覆在内包体外。亲水层的材

料为非织造布。隔水层和外包层的材料均为聚乙烯薄膜。无尘纸为含有高吸水树脂的无尘纸。

产品特点:本品使用初期柔软度较好且可避免冻伤,使用过程中能很好地发挥药效且更为舒适。

实例219. 冷却剂及具有该冷却剂的药物冰袋

原料	配料比(质量份)
无水乙醇	20 份
丙三醇	10 份
氯化钙	20 份
氯化钠	10 份
黄连素	1 份
水	39 份

制备方法:将各组分依照配料比按该类产品常规生产方法制备。

产品特点:本品采用化学物质复合后降低冰点的原理制成,-55℃不结冰,呈絮状物,可吸收更多热量。本药物冰袋其外形可塑,使用方便,适于人体不同解剖学部位,可与不同生理轮廓的皮肤充分接触,降温迅速、效果良好。

实例220. 医用明胶冰袋

原料	配料比(质量份)
水	50~75 份
亚硝酸钠($NaNO_2$)	10~15 份
明胶	10~40 份

制备方法:将各组分依照配料比按该类产品常规生产方法制备。

产品特点:所述袋子为乳胶袋,形状为长方形,大小为长15~18cm,宽8~12cm,袋子的两端设置有固定件,它具有体积小,袋体柔软,制作简便,可反复使用,可多个冰袋同时置于病人的头部、两侧腋窝、腹股沟、腘窝等大血管丰富部位,降温快速有效,经济实惠,病人易于接受的特点。

实例 221. 注水自冷胶体冰袋

原料	配料比(质量份)
尿素	80~90 份
吸水树脂	4~10 份
瓜尔豆胶	5~10 份
碳酸氢钠	1~5 份

制备方法:将上述组分按比例混合均匀后经 0.22μm 滤膜过滤,可制得 UV 光固化喷墨墨水。

产品特点:本品为设有单向阀进水口的密封袋内装有固体制冷剂。该单向阀进水口外设有加宽加长的开口,成为助入水口袋。与助入水口袋对称的密封袋另一端设有带胶贴的捆绑带。本产品固体制冷剂注水后成为胶状,能保持较长时间的冰冷状态,用后将其放入冰箱冷藏,可反复使用;且这种胶体冰袋在低于 -20℃ 时,才发生相变,成为固体冰,可以起到低温抗结冻作用;将密封袋上单向阀进水口外设有加宽加长的开口,成为助入水口袋,方便加水;在密封袋另一侧连接带有胶贴的捆绑带,方便将冰袋系绑于患处。

实例 222. 便携式化学热袋

原料	配料比(质量份)
硅藻土	13 份
烧成硅藻土(pH 8.6)	5 份
煤焦炭(多孔值 pH 8)	2.5 份
精盐	1 份
水	12 份
还原铁粉(100 目以下)	30 份

制备方法:

(1)备料和粉碎:将精盐和水混合溶化为盐水;将硅藻土、烧成硅藻土、煤焦炭混合粉碎成粒径为 1mm 以下的粉末状,加入盐水混合成浆料。

(2)混合装袋:将料粉和还原铁粉分别装入两个透气度为 300~400mm/s 的小袋中,再装入不透气的聚丙烯、乙烯—醋酸乙烯树脂薄膜袋中,密封包装即得成品。

使用方法:将两小袋中物料倒出在大袋中振荡混合,即可供热。

产品特点:本品配方和制造工艺均简单,成本低便于推广运用,不产生氢气和其他有害物质,使用安全,发热温度高,时间长。

实例223. 氧气发生剂

原料	配料比(质量份)
过碳酸钠	56.3 份
酒石酸	6.7 份
活性炭	4.5 份
硅砂	32.5 份

制备方法:由上述主要成分经过专门工艺制作即得到相应的活鱼贝类储运用氧气发生剂。

产品特点:本品是一种专用于活鱼、活甲壳类及贝等贮运的发生剂。氧气发生量大,能够连续长时间供氧。可与所储活鱼贝类在同一水域使用,活鱼贝类储运用水的 pH 变化小,对所储活鱼贝类无不良影响。

实例224. 过氯酸锂氧烛

原料	配料比(质量份)
氧烛发热体:	
氯酸钠	79 份
镁	5 份
三氧化二钴	5 份
过氧化锂	5 份
高岭土	6 份
氧烛烛体:	
氯酸钠	84 份
镁	2 份
三氧化二钴	5 份
过氧化锂	3.5 份
高岭土	4.5 份

制备方法:将各组分按一般氧烛的制作方法制作即可。

产品特点:可用于在缺氧环境中自救使用的化学氧源催化分解氯酸钠氧烛,特别适合于作化学氧自救器的启动装置。氧烛主成分为 $NaClO_3$;另有适当的催化添加剂和成型剂等。氧烛由撞击火帽点燃后即能持续燃烧并放出高纯氧气。放氧速度快而总放热量很小。

实例 225. 无燃料氧烛

原料	配料比(质量份)
氯酸钠	87 份
过氧化钡	6 份
二氧化硅	0.9 份
草酸钴	4 份

制备方法:将各组分按一般氧烛的制作方法制作即可。

产品特点:本产品配方合理,使用效果好,生产成本低。

实例 226. 过氧化物产氧剂

原料	配料比(质量份)
超氧化钾	80～100 份
石棉纤维	5～10 份
柠檬酸	10～30 份
氧氯化铜	0.5～2 份

制备方法:将各组分依照配料比按该类产品常规生产方法制备。

产品特点:本产品配方合理,使用效果好,生产成本低。

(十二) 宠物饲料

实例 227. 宠物一般饲料

原料	配料比(质量份)
植物纤维	5～8 份
马铃薯粉	15～20 份

茯苓粉	3～5 份
陈皮粉	1～2 份
蛋清粉	5～10 份
维生素	0.2～1 份
骨粉	1～4.5 份
食盐	0.2 份
动物脂肪	15～20 份
葫芦素	0.2～0.5 份
番茄红素	0.1～0.5 份
糖分	0.5 份
玉米粉	补足 100 份

制备方法:将各组分按配料比按照一般饲料的制作方法制作即可。

产品特点:本品营养丰富,养分调配合理,能够满足宠物生长发育需要,并加入了排毒、提高身体机能的番茄红素以及葫芦素,中药成分茯苓以及陈皮,具有健脾和胃,提高营养吸收能力的功效。

实例 228. 宠物消食饲料

原料	配料比(质量份)
植物纤维	5～8 份
甘薯粉	15～20 份
小麦粉	25～30 份
动物蛋白	8～10 份
维生素	2～3 份
螺旋藻粉	1～4.5 份
食盐	0.5 份
动物脂肪	15～18 份
糖分	0.5 份
健胃消食粉	补足 100 份

制备方法:将各组分按配料比按照一般饲料的制作方法制作即可。

产品特点:本品营养均衡,调配合理,在满足宠物日常营养需求的同时加入具有健胃消食的作用的山楂、山药、麦芽、陈皮的混合粉末,健胃消食粉末有助于消化,提高营养吸收能力。

实例229. 含有微藻的宠物饲料

原料	配料比(质量份)
小球藻	0.5~3 份
螺旋藻	1~7 份
肉	15~33 份
骨粉	2~7 份
玉米粉	52~70 份

制备方法:将各组分按配料比按照一般饲料的制作方法制作即可。

产品特点:本品具有蛋白质的种类和含量以及叶绿素、类胡萝卜素、铁、锌、硒、维生素、γ-亚麻酸、螺旋藻多糖、小球藻生长因子等营养成分都比较丰富的特点。

实例230. 去除牙垢的宠物饲料

原料	配料比(质量份)
玉米	20~45 份
骨粉	2~10 份
玉米麸	10~30 份
深海鱼油	1~3 份
动物油	0.5~1.5 份
植物油	1~2 份
盐	0.5~0.8 份
姜	1~2 份
维生素 C	1~5 份
食品添加剂	1~5 份
膳食纤维	3~10 份
凝胶	1~3 份
水果	1~5 份

制备方法:将各组分按配料比按照一般饲料的制作方法制作即可。

产品特点:本品为去除牙垢的宠物饲料,原料配制合理,营养均衡,工艺简单,口味多样,耐咀嚼可以锻炼牙齿,清除牙缝污垢,能够阻止牙齿污垢的产生,增加唾液分泌,有助食物消化,有效减少口腔内有害细菌的数量,减少牙齿斑和龋齿的出现,保护宠物牙齿和牙龈健康。

实例231. 宠物营养饲料

原料	配料比(质量份)
螺旋藻	5~8 份
动物内脏	10~20 份
豆饼	10~30 份
虾干	10~30 份
骨粉	5~10 份
面粉	10~30 份
其他	5~15 份

制备方法:将各组分按配料比按照一般饲料的制作方法制作即可。

产品特点:本品与现有技术相比,具有成本低廉、营养丰富的优点,动物内脏和虾干是宠物特别喜好的食物,具有增进食欲的作用;螺旋藻和豆饼为绿色有机元素,为生物体提供多种维生素;骨粉能促进宠物骨骼的发育和完善。

实例232. 动物保健饲料

原料	配料比(质量份)
牛肝粉	20~30 份
小麦粉	10~15 份
玉米粉	20~25 份
鸡肉	10~20 份
杂鱼粉	10~20 份
抗氧化剂	0.05~0.2 份

调味添加剂	1~2 份
兽用复合维生素	0.2~1.0 份
党参	0.1~0.5 份
当归	0.1~0.5 份
白芍	0.1~0.5 份
苍术	0.1~0.5 份
甘草	0.1~0.5 份
枳实	0.1~0.5 份
枸杞	0.1~0.5 份
水	补足 100 份

制备方法:将各组分按配料比按照一般饲料的制作方法制作即可。

产品特点:本品所述的具有保健功效的宠物饲料不但营养丰富,而且由于添加了适量的党参、当归、白芍、苍术、甘草、枳实、枸杞,配伍合理,既能促进食欲,帮助消化,又能提高宠物免疫力,增强抗病能力,具有非常显著的保健功能。

实例 233. 防止脱毛的宠物饲料

原料	配料比(质量份)
豆粉	20~50 份
玉米粉	20~30 份
海藻粉	2~10 份
蛋白质粉	1~3 份
蔬菜	2~10 份
肉类	10~30 份
维生素 B	1~5 份
辅助成分:	
油	0.5~1.5 份
香精	0.3~0.8 份
盐	0.5~0.8 份
调味品	5~10 份

制备方法:将各组分按配料比按照一般饲料的制作方法制作即可。

产品特点:本品配方合理,营养均衡,口味独特,可以丰富宠物的饲料品种,满足养宠物人们的需要;在防止脱毛宠物饲料中加入海藻粉可以防止毛发干燥脱落,促进新毛发的生长,减少皮肤病发病率,而且可以在家医治,不必上宠物医院治疗。

实例234. 增进食欲宠物饲料

原料	配料比(质量份)
玉米	3～7 份
大米	10～30 份
小麦	1～4 份
土豆粉	6～10 份
鸡肉粉	30～42 份
苜蓿草	2～6 份
鱼粉	3～7 份
胡萝卜粉	6～10 份
红薯粉	1～5 份
鸡油	5～8 份
胡麻油	0.3～0.7 份
鸡肝粉	1.5～1.9 份
维生素	0.1～0.5 份

制备方法:将各组分按配料比按照一般饲料的制作方法制作即可。

产品特点:本品与现有技术相比,采用粗粮和提取物相结合,通过科学的配比,更加适合宠物的生长发育需要,具有成本低廉、营养丰富的优点,鸡肝粉是宠物特别喜欢的食物,具有增进食欲的作用;还添加了生物体必需的维生素。

（十三）日用防霉剂

实例 235. 蛋糕防霉剂

原料	配料比（质量份）
香兰素	2~5 份
肉桂醛	0.5~1.2 份
脂肪酸	10~20 份
乙醇溶剂	50~60 份

制备方法：将上述物质混合，不断搅拌，使其完全溶解，即制得蛋糕防腐剂。

产品特点：本产品提供的蛋糕防霉剂安全无毒、使用方便，能有效防止蛋糕霉变。

实例 236. 毛腈织物用防霉剂

原料	配料比（质量份）
水	220 份
乙丙乳液	70 份
硅藻土	66 份
胶态二氧化硅	12 份
矿物松节油	18 份
肉桂醛	48 份
高氯酸铵	20 份

制备方法：将水、乙丙乳液、胶态二氧化硅、肉桂醛和高氯酸铵混合搅拌，再放入球磨机中研磨成乳浆状，再加入硅藻土和矿物松节油搅拌均匀，即得成品。

产品特点：本品制备的生产工艺简单，制作成本低，并且由本产品处理后的衣服或布料具有良好、持久的防霉效果，并且作用持久、安全环保。

实例237. 真丝织物用防霉剂

原料	配料比（质量份）
聚乙烯醇	26 份
苯酚	18 份
二苯酮	30 份
异丙醇钛	36 份
乙二醇	22 份
钛酸四丁酯	68 份
水	150 份

制备方法：将各组分混合均匀，加热至 70～75℃，保温 1～2h，再放入球磨机中研磨成乳浆状，即得成品。

产品特点：本品的生产工艺简单，制作成本低，真丝织物通过防霉剂处理后可以保持真丝织物原有的柔韧性和手感，防霉效果佳，耐水洗，安全无害。

实例238. 棉织物用防霉剂

原料	配料比（质量份）
环氧树脂	68 份
苯酚	18 份
乙酸丁酯	22 份
钛酸四丁酯	18 份
环己酮	18 份
甘油	10 份
二甲苯	28 份
醋酸锌	11 份

制备方法：将反应容器加热至 90～120℃，加入环氧树脂保温 1～5h，降温至 50～60℃，加入其他组分加入进行搅拌均匀，即得成品。

产品特点：本品生产工艺简单，制作成本低，棉织物通过防霉剂处理后可以保持棉织物原有的柔韧性和手感，防霉效果佳，耐水洗，安全无害。

实例239. 皮革复合杀菌防霉剂

原料	配料比(质量份)
季铵盐类化合物	1～10 份
托立龙 B	0.05～3 份
2－溴－2－硝基－1,3－丙二醇	0.1～2 份
乙醇	1～50 份
碘代丙炔基氨甲酸丁酯	0.05～5 份
缓蚀剂	0.1～20 份
水	补足100 份

制备方法:将季铵盐类化合物、2－溴－2－硝基－1,3－丙二醇和托立龙 B 与上述一半量的水混合搅拌 3h 配制成混合物 A;将碘代丙炔基氨甲酸丁酯、缓蚀剂、乙醇与剩余的水混合搅拌 3h 配制成混合物 B;将混合物 A 与混合物 B 搅拌反应2h,再静置2h,对混合后的混合物进行含量测定,将合格的混合物进行包装,即为合格产品。

产品特点:本品对人、畜无害,不会产生有毒物质,环保安全;对皮肤无刺激性,对物品和织物没有腐蚀性;无刺激气味、无色,不受环境、有机物、酸、碱及其他物理、化学因素的影响。

实例240. 皮鞋防霉剂

原料	配料比(质量份)
低密度聚乙烯(或线型低密度聚乙烯)	50～60 份
煅烧高岭土(或 pH 呈酸性的硅藻土)	30～40 份
亚氯酸钠	2～5 份
二氯异氰脲酸钠	0～2 份
硬脂酸	1～5 份
氯化钙	2～10 份

制备方法:在相对湿度低于30%,原料的含水量低于0.2%(质量分数),将上述原料混合搅拌均匀,再经造粒、压片,并控制制片过程中的温度不超过120℃,而获得皮鞋防霉剂。

产品特点:该皮鞋防霉剂能缓慢释放二氧化氯和氯气,可有效长久地抑制和杀灭皮鞋中的霉菌、细菌等有害微生物。只需将其放置在皮鞋的鞋盒中,即可保证皮鞋不发霉六个月以上,无须喷洒或涂抹在鞋面上,使用简单方便,可在皮鞋的包装、运输、存放和放置待用期使用,发挥其防霉抗菌作用,保护皮鞋不被霉菌等微生物侵害。

实例 241. 皮革防霉剂

原料	配料比(质量份)
对硝基苯酚	1~5 份
肥皂	20~30 份
冰醋酸	2~6 份
硼酸溶液	10~20 份
乳化硅油	2~10 份
水	80~90 份

制备方法:将对硝基苯酚、肥皂、冰醋酸、硼酸溶液、乳化硅油加入水中,加热搅拌混合至肥皂全溶即可。

使用方法:使用时,用布蘸取少许,在皮革表面涂抹均匀即可。

产品特点:本产品设计合理,使用方便,对霉菌有良好的抑杀作用,同时能有效地防止皮革制品产生霉斑。

二、农用小化工产品

（一）花卉肥料

实例242. 具有装饰作用的花卉肥料

原料	配料比（质量份）
钙镁磷（灰绿色）	10 ~ 20 份
硫酸铵（白色）	14 ~ 23 份
氯化钾（红色）	10 ~ 20 份
硼砂（白色）	1 ~ 5 份
硫酸锌（白色）	2 ~ 8 份
脲醛	15 ~ 25 份
磷酸铵（褐色）	5 ~ 15 份
膨润土（黄色）	5 ~ 10 份
金黄粉	2 ~ 8 份
夜光漆	2 ~ 5 份

制备方法:将各组分依照配料比按该类产品常规生产方法制备。

产品特点:本品无臭无味、具有多种色彩,并且增加了花卉所必须的硼、锌营养元素的花卉肥料,可以撒在花卉栽培的表土面,与鲜花绿叶或盆景相衬托,更可增加美感,即使在夜晚只要有一点光就可散发出美丽的光芒。

实例243. 利用锯末制作花卉肥料

原料	配料比（质量份）
锯末	40 ~ 45 份
粪便	30 ~ 35 份
熟黄豆	10 ~ 15 份

玉米胶	2~5 份
煤矸石	2~2.25 份

制备方法:将锯末、粪便搅拌后发酵至锯末腐烂;将混合物烘干至含水量为 5~10 份;混入熟黄豆碎粒、玉米胶,煤矸石、造粒装袋。

产品特点:与现有技术相比,在施用本品的同时也提高了土壤的柔软性,适合北方地区施用,在保证肥效的前提下,降低了成本。

实例 244. 盆栽抗害虫花卉肥料

原料	配料比(质量份)
硼砂	10~20 份
硝酸铵	10~15 份
乙二胺四乙酸二钠	10~15 份
硝酸钾	15~25 份
硫酸钙	2~6 份
氯化铵	2~6 份
硫酸铁	2~6 份
骨粉	2~6 份

制备方法:将各组分依照配料比按该类产品常规生产方法制备。

产品特点:本品提供的盆栽抗害虫花卉肥料配方合理,含有充足的氮肥、磷肥、钾肥,配方中的硼砂为无色半透明晶体或白色结晶粉末,具有很强的杀菌作用,能够有效阻止害虫对花卉的侵袭。

(二)营养液

实例 245. 绿萝无土栽培营养液

原料	配料比(mg/L)
母液 A:	
NH_4NO_3	100~250
KCl	100~200
$CaCl_2 \cdot H_2O$	100~250

母液 B：

$MgSO_4 \cdot 7H_2O$	400~650
KH_2PO_4	300~550

母液 C：

EDTA—Fe(螯合铁)	1~5
$FeSO_4 \cdot 7H_2O$	0.120~0.180

制备方法：将母液中各组分混合，再以母液 A：母液 B：母液 C = 1000：800：20 的体积比配合使用。

使用方法：使用时，再用水稀释到 100 倍。

产品特点：采用本品栽培的绿萝叶色纯正且叶片厚大，植株更健康，其株高、芽长，根长和叶面积以及增长量均显著强于其他常规营养液，在外观和其本身适应性、抗逆性都明显增强。

实例246. 无土栽培营养液

原料	配料比
本产品营养液的大量元素：	
氮	6.15~6.25mmol/L
磷	0.25~0.35mmol/L
钾	1.80~1.90mmol/L
钙	1.20~1.40mmol/L
镁	0.40~0.60mmol/L
营养液的微量元素：	
铁	15.00~16.00μmol/L
硼	45.00~50.00μmol/L
锰	9.00~10.00μmol/L
锌	0.75~0.85μmol/L
铜	0.25~0.35μmol/L
钼	0.10~0.30μmol/L
水	适量

制备方法：

(1)A 母液的制备：将含钙化合物溶于水配制成使用浓度 100~

200 倍的母液,在室温下储存备用。

(2) B 母液的制备:将含有氮、磷、钾、镁、铁元素的各化合物溶于水配制成使用浓度 100～200 倍的母液,在室温下储存备用。

(3) C 母液的制备:将含有硼、锰、锌、铜和钼元素的化合物配制成使用浓度 200～500 倍的母液,在室温下储存备用。

(4)将 A 母液与 B 母液混合,然后向该混合液中加入适量 C 母液,定容,即得。

产品特点:所述无土栽培营养液是特别适用于利用特定的无土栽培基质栽培百合,既可以满足其营养需求,又同时降低了营养元素的施用量,从根本上解决了长期以来百合栽培营养液无针对性,仅参照经验或借鉴其他品种作物的营养液配制,导致营养经常过量,造成生产中极大的浪费现象。

实例 247. 吊兰无土栽培营养液

原料	配料比(g/L)
硫酸铵	7～8
硫酸镁	6～7
硫酸钙	18～20
磷酸二氢钾	9～10
硝酸钾	18～20
碘化钾	0.08～0.09
硼酸	0.16～0.18
硫酸锰	0.04～0.06
硫酸锌	0.015～0.018
硫酸亚铁	0.07～0.08
蔗糖	5～6
烟酸	0.05～0.06
甘氨酸	0.02～0.03
聚六亚甲基胍	0.08～0.09
盐酸吡哆醇	0.05～0.07

制备方法:将各组分依照配料比按该类产品常规生产方法制备。

产品特点:本品营养物质浓度与配比合适,能促进吊兰的生长繁殖和代谢产物的积累,在吊兰的营养液中增加高分子聚合抗菌物,增强了吊兰植物对空气中有害物质净化吸附及对致病菌的杀菌效果。

实例248. 香石竹采穗母株无土栽培营养液

原料	配料比(质量份)
硝酸钙	9000～12000 份
硝酸铵	515～700 份
乙二胺四乙酸钠	100～120 份
硫酸亚铁	75～90 份
硝酸钾	3000～4000 份
硫酸钾	1000～1500 份
磷酸二氢钾	1800～2200 份
硫酸镁	1920～2300 份
硫酸锰	9～11 份
硫酸锌	2～3 份
硼酸	40～50 份
硫酸铜	3.5～4.5 份
钼酸铵	2～3 份
水	100000 份

制备方法:将各组分依照配料比按该类产品常规生产方法制备。

产品特点:本品配合由泥炭和陶粒组成的基质进行滴灌使用。采用该营养液,能使病虫害减少,采穗母株感病死亡率降低 5%～10%;插穗产量提高 10%～20%;扦插成苗率提高 10%～30%;种苗健壮,商品价值高。

实例249. 番茄无土栽培营养液

原料	配料比(质量份)
硝酸钾	700～800 份
磷酸二氢钾	270～290 份
硝酸钙	850～910 份

硫酸镁	450～550 份
乙二胺四乙酸铁钠盐	15～25 份
硝酸铵	6～10 份
硫酸锰	1.5～2.0 份
硼酸	2.5～3.0 份
硫酸锌	0.2～0.3 份
硫酸铜	0.05～0.10 份
钼酸铵	0.02 份

制备方法:将各组分依照配料比按该类产品常规生产方法制备。

产品特点:该营养液能满足番茄正常生长发育对各种营养成分的需要,低成本,易操作。

实例250. 绿叶菜无土栽培营养液

原料	配料比(质量份)
硝酸钙	1.2～1.3 份
硫酸钾	0.24～0.26 份
磷酸二氢铵	0.34～0.36 份
硫酸镁	0.52～0.55 份
硫酸铵	0.22～0.25 份
水	1000 份

制备方法:将各组分依照配料比按该类产品常规生产方法制备。

产品特点:该营养液能满足绿叶菜正常生长发育对各种营养成分的需要,低成本,易操作。

实例251. 奥运火炬盆花无土栽培营养液

原料	配料比(质量份)
全氮	20 份
其中:	
A液:	
铵态氮	8.04 份
硝态氮	11.96 份

螯合态的铜	0.01 份
硼	0.02 份
螯合态的铁	0.10 份
水溶性磷酐	20 份
螯合态的锰	0.056 份
水溶性氧化钾	20 份
钼	0.01 份
水溶性氧化镁	0.25 份
螯合态的锌	0.0162 份
水	补足 100 份

B 液：

KH_2PO_4	35 份
K_2SO_4	42 份
$MgSO_4$	25 份
KNO_3	20 份
水	补足 180000 份

制备方法：

（1）先用温度为 30～50℃的水分别溶解各组分形成 A 液,配成混合液 A 备用。

（2）用 30～50℃的热水溶解 B 组分,配成混合液 B。

（3）使用时,将两种混合液以（1:0.8）～（1:1.5）的体积比混合均匀,并补足 180000 份水,即得成品。

产品特点:本品无土栽培生产奥运火炬盆花时,所得成品花植株大,开花早,栽培周期短,且成品花可观赏性强,叶片富有光泽,花朵颜色鲜艳。

（三）培养基质

实例 252. 利用木耳培养基废弃料配制蟹味菇、金针菇培养基质

原料	配料比（质量份）
木耳废弃料	65～75 份

麸皮(或米糠)	10~25 份
豆粉	2 份
玉米面	5~10 份
白糖	0.5 份
过磷酸钙(或磷酸钾盐)	1~2 份
石膏	1~2 份
硫酸镁	0.5~1 份
加水使含水量达	55~65 份

制备方法:木耳培养基废弃料的收集和物化处理:选合格的菌袋脱袋,趁微湿状态粉碎,在粉碎的同时加入改性剂并使 pH 达 6.0~7.0,然后置于阳光下暴晒 2~8 天或 65~75℃烘干 6~12h 使含水量达 10%~13%,备用。使用时,将 0.3~2.5 份营养型生物高分子吸收营养液达到饱和后均匀拌入即可。

产品特点:用此方法成本低,产量高,将废物再次高效利用,减少了环境污染。

实例 253. 虫草液体菌种培养基质

原料	配料比(质量份)
葡萄糖	30~100 份
蛋白胨	3~10 份
多种维生素	0.5~1.1 份
多种矿物质	5~12 份
水	961.5~876.9 份

注:维生素主要有 VA、VB$_1$、VB$_2$、VB$_5$、VB$_{12}$、VC、VE 按 1:1 配制;矿物质主要有次氯酸钙、硫酸亚铁、硒化锌、氯化钠、硝酸钾、硫酸镁、硫酸锰、硫酸铵、碘化钾按 1:1 或按次氯酸钙 2 份、硫酸亚铁 0.2 份、硒化锌 0.2 份、氯化钠 0.5~1 份、硝酸钾 3 份、硫酸镁 3 份、硫酸锰 0.2 份、碘化钾 0.3 份、硫酸铵 2 份混合配制成。

制备方法:取葡萄糖、蛋白胨、维生素、矿物质放在容器内混均匀,再向容器内加适量 80℃的热水,使物料溶化,再加入剩余的水,充分混合均匀后,按设定计量分装在玻璃瓶中,用聚丙 OPP 塑料膜封口,即为成品。用本发明的虫草液体菌种培养基质,经灭菌、冷却(写出冷却温度),接入虫草菌种,培养(静置、振荡均可),所得到的液体虫草菌种再转接扩繁到米饭培养基上,生长出来的人工虫草就是虫草素等含量高的虫草。

产品特点:本品浓缩虫草有效的营养和药用成分,减少用量而不降低功效。可节省人工90%、节省能源9%、环保无垃圾,且制种技术简单化,便于虫草制种及栽培技术的普及和推广,有利于虫草事业的发展,同时也避免因液体菌种的各种原因造成大面积污染的损失。

实例254. 土豆专用培养基质

原料	配料比(质量份)
岩棉	50~70 份
膨胀陶粒	15~25 份
草炭	10~25 份
河沙	15~40 份
珍珠岩	2~8 份
炉渣	1~3 份
炭化稻壳	2~6 份
甘蔗渣	3~8 份

制备方法:

(1)粉碎:把所述原料筛选除杂,用粉碎机粉碎,颗粒直径为1~3mm。

(2)发酵:将岩棉、膨胀陶粒、草炭、河沙、珍珠岩、炉渣、炭化稻壳、甘蔗渣按配方混合均匀,在55~65℃下发酵2~3天。

(3)消毒:把发酵好的基质放入敞口木箱内,基质厚度为35~45cm,进行加温消毒,温度为50~85℃,维持5~10h。

(4)干燥:将消毒完成的基质用烘干机烘干或自然风干,保持含水量在8%~10%。

产品特点:本品具有培养基营养适合,原料成本低,打破地域限制,易于推广,土豆增产明显的特点。

实例255. 红薯专用培养基质

原料	配料比(质量份)
轻壤土	40～60 份
蛭石	20～30 份
膨胀陶粒	10～20 份
草炭	10～15 份
河沙	5～25 份
炉渣	1～3 份
锯木屑	3～8 份

制备方法:同"土豆专用培养基质"。

产品特点:本产品的有益效果是,培养基营养适合,原料成本低,打破地域限制,易于推广,红薯增产明显。

实例256. 食用菌菌种培养基质

原料	配料比(质量份)
硅藻土	50～70 份
棉籽壳	20～30 份
面粉	3～20 份
石膏	1～3 份
石灰	1～2 份

制备方法:按照配方称取基质原料并充分混匀,然后用自来水喷洒均匀;将吸水后的基质原料制成颗粒;将颗粒用自来水浸泡60～90min,然后捞起至无水滴滴出为止;装瓶后高压灭菌;待培养基质降温后向瓶内接入食用菌母种;接种完成后,移入菌种培养室培养。

产品特点:上述食用菌菌种培养基质及制作方法,以硅藻土为主要成分,可促使菌丝快速生长,菌种抗病性得到增强,菌种成品率达92%以上,菌种培养时间缩短7～10天。

实例257. 蘑菇培养基质

原料	配料比(质量份)
苹果渣	50～70 份

花生壳	30～50 份
石膏	2 份
水	60～70 份

制备方法:将石膏溶于水中,按配方加入苹果渣、花生壳,加水搅拌均匀,将混合均匀的培养基装入聚丙烯筒袋中。

使用方法:使用时,于 120℃下灭菌 100min,自然冷却至室温,然后进行接种,放入培养室。

产品特点:该培养基有助于蘑菇快速生长,提高蘑菇的营养价值,改善口感,降低蘑菇的价格。

实例 258. 植物培养基质

原料	配料比(质量份)
蚯蚓粪便	0.5～5 份
污泥(以干物质量计)	30～75 份
炉渣	25～50 份

制备方法:将各组分依照配料比按该类产品常规生产方法制备。

产品特点:根据本产品制得的植物培养用基质具有稳定的团粒及多孔隙结构(总孔隙率在 52%～85%,通气空隙与持水空隙即气水比在 0.2～0.5),以及很高的矿物质营养负荷。为此本产品提供污泥改性植物培养基质的制造方法及由该方法制得的植物培养基质,实现多种废弃物的高效资源化利用。

实例 259. 大立菊的培养基质

原料	配料比(质量份)
腐殖质土	20～30 份
沙质壤土	30～40 份
腐熟的人粪尿及猪粪	60～70 份
腐熟的棉籽壳	60～70 份

制备方法:将以上组分混合配制成待消毒的土壤,用稀释后的甲醛对消毒的土壤喷洒,甲醛杀菌后,经过处理的待消毒的土壤成为培养基质。

产品特点:本品提供的培养基质,配制合理,适于大立菊的栽培条件,有效增加了成活率,有效防止病虫害,保证大立菊的生长和发育状况良好,为成功栽培大立菊提供了良好的基础,且本产品所需组分易取得,价格低廉,节约了大立菊的栽培成本。

实例260. 有机蔬菜种苗培养基质

原料	配料比(质量份)
草炭	30~50 份
蛭石	20~30 份
炉灰渣	20~50 份
珍珠岩	20 份
其内加入复合肥	1.0~1.5 份/100 份

制备方法:将各组分按配料比破碎过筛和混合搅拌均匀。

产品特点:本品提供的有机蔬菜种苗培养基质安全环保,无毒无味,不污染植物、土壤和地下水,最终分解物无任何残留,不会破坏土壤结构;可以实现资源再生,保护资源,保护环境;蓄水力强,但不会造成烂根;性能稳定,即使在极端干旱的条件下,也不会倒吸植物体内的水分。

(四)动物驱避剂

实例261. 绿色新型农作物害虫驱避剂

原料	配料比(质量份)
苦参	1.6~2.4 份
苦楝	1.6~2.4 份
黄连	0.8~1.2 份
巴豆	1.2~1.8 份
雷丸	0.8~1.2 份
生百部	0.8~1.2 份
辣椒	1.6~2.4 份

花椒	1.2~1.8 份
胡椒	1.2~1.8 份
枇杷叶	1.6~2.4 份
桉叶	1.2~1.8 份
大青叶	0.8~1.2 份
洋金花	0.8~1.2 份
猫儿眼	1.2~1.8 份
有机酸	160~240 份

制备方法:将各组分依照配料比按该类产品常规生产方法制备。

产品特点:本品解决了目前对农作物害虫的防治,绝大多数采用人工合成的化学农药进行防治,造成农药残留的副作用等问题。

实例262. 鸟类驱避剂

原料	配料比(质量份)
麝香酮	1 份
灵猫酮	1 份
麝香	0.5~1 份
樟脑	1.5~3 份

制备方法:将各组分依照配料比按该类产品常规生产方法制备。

产品特点:本品可制成喷雾剂型、粉末剂型和洒布剂型。本品在不伤害鸟类的前提下,能有效驱避鸟类,能有效减少鸟类对果园和飞机的危害,有驱鸟范围界定、效果长、无污染、使用方便、成本低的优点。

实例263. 宠物(犬)用驱避剂

原料	配料比(质量份)
香茅油	1~10 份
硅油	1~10 份
乙酸乙酯	80~98 份

制备方法:将香茅油和总量一半的乙酸乙酯混合搅拌2h;再将硅油和剩余的乙酸乙酯混合搅拌2h;将香茅油与乙酸乙酯的混合物和硅

油与乙酸乙酯的混合物混合后进行搅拌反应 2h,静置 2h,对混合后的混合物进行含量测定,将合格的混合物进行包装,即得成品。

使用方法:将本品对准宠物犬喜欢小便的地方喷洒即可达到驱避效果,可保持 10 周以上;车厢及轮胎:喷洒一次可以达到 10 周以上的驱避效果;如遇阴雨天气或洗车将降低驱避时间,仍能达到 4 周以上。

产品特点:本品利用硅油附着持久的性能散发特殊的芳香成分,其芳香成分能有效地驱避宠物(犬)远离,避免环境污染,腐蚀车辆轮胎及轮毂等。本品对环境、人畜无毒、无害、环保可安心使用。

(五)鲜花保鲜剂

实例 264. 鲜花保鲜剂(1)

原料	配料比(质量份)
蔗糖	93 ~ 98 份
硫酸钾	0.8 ~ 2.5 份
硫酸铝铵	0.5 ~ 1.8 份
硼砂	0.07 ~ 0.2 份
醋酸洗必泰	0.5 ~ 2.0 份
柠檬酸	0 ~ 0.6 份

制备方法:将各组分依照配料比按该类产品常规生产方法制备。

产品特点:本品原料来源充足、成本低,用其配制成的营养花水防腐性能稳定,有利于切花的储运、销售,显著提高保鲜效果和延长切花的点缀观赏期。

实例 265. 鲜花保鲜剂(2)

原料	配料比(质量份)
蔗糖	0.5 ~ 4.0 份
8 - 羟基喹啉硫酸盐	0.01 ~ 0.05 份
1 - 甲基环丙烯	0.001 ~ 0.004 份
赤霉素	0.0005 ~ 0.002 份

硝酸钙	0.01~0.06 份
大蒜提取物	0.05~0.3 份
橄榄叶提取物	0.05~0.2 份
柠檬酸	0.03~0.15 份
6-苄氨基嘌呤	0.001~0.004 份
水	补足 100 份

制备方法:将各组分依照配料比按该类产品常规生产方法制备。

产品特点:本品利用新型生物保鲜剂(肌肽)加传统添加剂进行调配,克服了现有鲜花保鲜剂的缺点,利用生物保鲜剂的可降解性优点,是使用方便、保鲜效果好、无毒害作用的鲜花保鲜剂产品。

实例 266. 鲜花保鲜剂(3)

原料	配料比(质量份)
水杨酸	1~1.5 份
山梨酸	0.05~0.5 份
乙醇	55~58 份
甲醛	0.3~0.6 份
葡萄糖	0.5~1 份
水	800~1000 份

制备方法:将各组分依照配料比按该类产品常规生产方法制备。

产品特点:本品提供的鲜花保鲜剂生产成本低、防腐性能稳定,能有效延长鲜花的保鲜期。

实例 267. 鲜花保鲜剂(4)

原料	配料比(质量份)
保湿剂	0.1~1g/L
葡萄糖酸盐	0.3~1g/L
糖类	20~50g/L
杀菌抑菌剂	0.1~1g/L
水	补足 100 份

制备方法:将各组分依照配料比按该类产品常规生产方法制备。

产品特点:本品为透明液体制剂,无色无味,不污染环境,对花卉无损害,可用于多种花卉鲜花,如盆花和切花,可以有效补充鲜花的能源物质和微量元素,抑制微生物的生长,避免微生物对花卉气孔的堵塞,克服了现有鲜花保鲜剂的缺点,延长了鲜花观赏期及市场供应时间。本品是使用方便、保鲜效果好、无毒害作用的鲜花保鲜剂产品,具有重要的经济价值,适合应用推广。

实例268. 含有海洋生物成分的鲜花保鲜剂

原料	配料比(质量份)
羧甲基壳聚糖	1.0~3.0 份
海洋生物溶菌酶	9.0~15.0 份
海藻粉	3.0~6.0 份
葡萄糖	6.0~10.0 份
纯净水	补足 100 份

制备方法:将各组分依照配料比按该类产品常规生产方法制备。

产品特点:本品采用海洋生物除菌物质和海洋生物营养物质,增加了鲜花切花的保存期,方便了远途运输;对花卉培养液有长效抑菌作用,并有净水功能。

(六)水果、蔬菜保鲜剂

实例269. 水果保鲜剂(1)

原料	配料比(质量份)
活性炭	10~20 份
无水硫酸钠	45~55 份
氧化钙	补足 100 份

制备方法:将各组分依照配料比按该类产品常规生产方法制备。

产品特点:本品原料价廉、制造简单、生产成本低、耗能小、对人体无害、不污染环境,保鲜期长。

实例 270. 水果保鲜剂(2)

原料	配料比(质量份)
淀粉	0.6~1.0 份
蛋清	1~2 份
动物油	1~2 份
水	补足 100 份

制备方法:将各组分依照配料比按该类产品常规生产方法制备。

产品特点:本品水果保鲜剂制法简单、成本低廉、使用时操作方便。本产品能在水果的表皮形成一层薄膜,限制水果呼吸,保持水分,从而延长了水果的保鲜时间。本品具有防腐、保鲜、杀菌、防失水、保鲜效果突出的优点。

实例 271. 水果保鲜剂(3)

原料	配料比(质量份)
高良姜	8~15 份
漂泊虫胶	10~30 份
木质素	12~27 份
肉豆蔻酸	11~24 份
活性氧化铝	30~70 份
水	补足 100 份

制备方法:将高良姜放入水中沸煮 40~60min;冷却后,加入漂泊虫胶,调和成涂料状;控制温度为 30~40℃时加入木质素并均匀混合;在 60~70℃时,加入肉豆蔻酸、活性氧化铝搅拌均匀;冷却至常温,即得本保鲜剂。

产品特点:本品保鲜效果好、延长水果保鲜时长,用本保鲜剂保鲜的水果,100 天后,坏果率仅为 6.5%。

实例 272. 水果保鲜剂(4)

原料	配料比(质量份)
柠檬酸	3~5 份
硫酸亚铁	2~3 份

山梨酸钾	0.01~0.02 份
淀粉	8~10 份
活性炭	3~5 份
硅胶	2~4 份
膨润土	5~10 份

制备方法:将各组分依照配料比按该类产品常规生产方法制备。

产品特点:本品成本低,使用方便,保鲜效果好,适用于各类水果保鲜。

实例 273. 落叶水果保鲜剂

原料	配料比(质量份)
焦亚硫酸钠	1~3 份
无水氯化钙	1~4 份
明矾	8~15 份
柠檬酸	10~15 份
水	30~45 份

制备方法:将上述原料按照配比混合均匀即可得成品。

使用方法:选择落叶鲜果去杂质、洗净,将鲜果放入容器或池中,加保鲜剂浸泡鲜果,在容器或池口加盖塑料薄膜。

产品特点:本品无任何毒性,它可使鲜果不变形、不腐烂、不变色,而且能清除果体表面残留农药、病菌及毛系,其保鲜时间长,保鲜率高,可实现落叶水果反季节常年上市。

实例 274. 防褐型广谱水果保鲜剂

原料	配料比(质量份)
抗坏血酸	3.0~4.0 份
柠檬酸	0.5~1.0 份
乳酸	3.0~4.0 份
氯化钙	0~1.0 份
丙酸铵	12.0~13.0 份
氯化钠	1.5~2.0 份

丙三醇	14.0~15.0 份
水	100 份

制备方法：

（1）按配方称取水和氯化钠，配制成氯化钠溶液；向其中加入氯化钙，边加边搅拌至完全溶解。

（2）向上述溶液中加入抗坏血酸、柠檬酸、乳酸，搅拌均匀。

（3）再往上述溶液中依次加入丙酸铵、丙三醇，搅拌均匀；调节 pH 至 2.5~4.0。

产品特点：本品对水果有杀菌、防腐、增效、抗氧化作用；配方配比简易，生产工艺简单，操作使用方便。将各种成分按配比混合、均一化后，用自来水稀释至 200~400mg/kg，只需把水果和蔬菜浸入这种溶液，浸泡时间在 5~10min，取出浸泡物，晾干即可；保鲜成本低廉。

实例275. 新型水果保鲜剂

原料	配料比（质量份）
羧甲基纤维素	0.1~0.3 份
卵磷脂	0.1~0.3 份
聚氧乙烯脱水山梨醇单油酸酯	0.2~0.6 份
苯甲酸钠	0.01~0.03 份
柠檬酸	0.01~0.03 份
去离子水	90~100 份

制备方法：将各组分依照配料比按该类产品常规生产方法制备。

产品特点：将本剂涂覆于水果上，可明显抑制采摘后水果的呼吸，减少水分和香气挥发物的损失，保持水果在较长时间内不腐败、不干瘪，可大大延长水果的保鲜期。另外，本产品所用的原料均可食用，无毒、无害、无任何刺激作用。

实例276. 天然水果保鲜剂

原料	配料比
维生素 B	2g
维生素 C	1g

大蒜水	2mL
辣椒水	1mL
胡椒水	3mL
酒精	20mL
水	1000mL

制备方法:将上述原料按比例放入木桶中,然后搅拌均匀后即得到保鲜剂,然后将水果放入保鲜剂当中浸泡15min,这样就可以使水果得到保鲜。

产品特点:本产品对水果具有较好的保鲜效果。

实例277. 蔬菜水果保鲜剂

原料	配料比(质量份)
乳化剂	5~8 份
山苍子提取物	3~5 份
八角茴香提取物	2~4 份
壳聚糖	2~3 份
氯化钙	2~3 份
亚硫酸氢钙	1.5~3 份
亚氯酸钙	1.5~3 份
无水乙醇	1.5~3 份
柠檬酸	0.5~1 份
蒸馏水	补足100 份

制备方法:将各组分依照配料比按该类产品常规生产方法制备。

使用方法:将蔬菜或水果浸入保鲜剂中5~10min,捞出并晾干,放入保鲜器皿,覆上保鲜膜,于室温条件下储藏。

产品特点:本品性能优异,保持果蔬品质,提高果蔬商品性,延长果蔬货架寿命;安全环保,无毒无害,无污染;高效,保鲜效果好,抗菌作用优于苯甲酸钠;加工工艺简单,成本适中,使用方便,是较为经济、理想的果蔬保鲜剂。

实例278. 含丙二酸的蔬菜保鲜剂

原料	配料比（质量份）
丙二酸	0.02 ~ 0.04 份
水杨酸	0.04 ~ 0.08 份
柠檬酸	4 ~ 8 份

制备方法：将各组分依照配料比按该类产品常规生产方法制备。

使用方法：将蔬菜的被处理的一端放置于以上所述的含丙二酸的蔬菜保鲜剂溶液中浸渍0.5 ~ 1min，然后取出蔬菜沥干晾置10min，装入包装袋中密封。

产品特点：本品各成分均为植物中所含成分，丙二酸、水杨酸含量少，在蔬菜局部使用，无毒安全，使用简单方便。本产品适用于有切断面的蔬菜，能有效减缓蔬菜的抗病能力，延长蔬菜的保鲜期。

实例279. 水生蔬菜保鲜剂

原料	配料比（质量份）
柠檬酸	0.15 ~ 0.2 份
氯化钙	0.3 ~ 0.5 份
三聚磷酸钠	0.3 ~ 0.5 份
维生素 C	0.15 ~ 0.2 份

制备方法：将各原料按配比混合均匀即可得到本品。

使用方法：先用一定浓度的二氧化氯浸泡杀菌处理过的新鲜莲子、茭白和莲藕15min，再用一定比例的保鲜剂浸泡杀菌后的沥干的新鲜莲子、茭白和莲藕2h后，沥干游离水，将物料进行真空包装或气调包装，置于0 ~ 5℃的温度环境中储藏，水生蔬菜的保鲜期大于或等于60天。本保鲜剂经毒性试验，处于相对无毒级别。

产品特点：本品具有安全、高效的特点，且不含有亚硫酸盐类成分物质。

（七）食品保鲜剂

实例280. 肉类保鲜剂

原料	配料比（质量份）
氯化钠	3~6 份
葡萄糖	3~5 份
柠檬酸	1~2 份
甘露糖	1~2 份
水	补足100 份

制备方法：将各组分依照配料比按该类产品常规生产方法制备。

产品特点：本品成本低廉、使用时操作方便，具有安全、环保、无毒、保鲜效果好的优点，且保鲜时间长，无须对保鲜的肉类食品进行冷藏处理。

实例281. 纯天然广谱食品保鲜剂

原料	配料比（质量份）
银杏叶	5 份
贝壳类	10 份
花生红衣	40 份
肉桂	10 份
茶叶	30 份
月桂酸单甘油酯	5 份
乙醇(70%)	适量

制备方法：将各原料经过粉碎、醇提、浓缩、混合、粉碎、灭菌等步骤处理。按比例称取银杏叶、花生红衣、肉桂、茶叶、粉碎至80目得原料粉备用；按比例称取贝壳类，粉碎至80目得贝壳粉备用；将原料用8倍量乙醇提取两次，每次1h，合并两次提取液，回收乙醇后浓缩至相对密度为1.1~1.3，得浓缩液备用。将浓缩液、贝壳粉及月桂酸单甘油酯充分混合；将混合物干燥，使其水分降至5%以下并粉碎至80目；将

粉碎至 80 目的半成品灭菌,包装即可。

产品特点:本品对革兰氏阳性菌、革兰阴性菌、霉菌及酵母菌有较强的抑制作用,并具有较强的抗氧化功能,对人体无副作用,保鲜效果显著。

实例282. 食品保鲜剂

原料	配料比(质量份)
酒精	25～60 份
载体	35～70 份
黏着剂	5～20 份

制备方法:将各组分依照配料比按该类产品常规生产方法制备。

产品特点:本品无毒、无害,利用酒精在低浓度下的静菌作用,可有效控制、防止食品中霉菌、大肠杆菌等细菌的生长、繁殖,并可保持食品中的水分,维持食品的松滑感,本品生产成本低廉。

实例283. 抗氧化食品保鲜剂

原料	配料比(质量份)
亚硫酸钠	70～85 份
酚酞	5～10 份
碳酸氢钠	5～20 份
苯甲酸钠	5～15 份

制备方法:将各组分依照配料比按该类产品常规生产方法制备。

产品特点:本品配方独特,配制简便,使用安全,有良好的抗氧化保鲜作用,特别是易溶于水,用量少,可用于水果、蔬菜等的保鲜,尤其适用于蘑菇等的抗氧化保鲜剂。

实例284. 新型食品保鲜剂

原料	配料比(质量份)
吡咯烷酮羧酸钠	60～80 份
蜂蜡	5～15 份
食用淀粉	15～30 份

蔗糖酯及食用防腐剂 微量

制备方法:将各组分依照配料比按该类产品常规生产方法制备。

产品特点:本品从食品上去除容易,无毒、无害,使用方法简便;应用范围广泛,可以用于蔬菜、水果、鲜花、海鲜产品及肉制品等食品的保鲜。

实例285. 食品保鲜剂

原料	配料比(质量份)
抗坏血酸钠	1~3份
硫酸氢钠	2~4份
碳酸钠	6~10份
活性炭	1~3份
氯化钙	1~3份

制备方法:将各组分依照配料比按该类产品常规生产方法制备。

产品特点:本品具有保鲜效果好,保存时间长,成本低,食品味鲜纯正的优点及效果。

实例286. 植物食品保鲜剂

原料	配料比(质量份)
大蒜	10~40份
迷迭香(粉碎至120目)	20~50份
丁香(粉碎至120目)	5~20份
甘草	5~20份
食用乙醇(70%~75%)	上述原料量的10倍

制备方法:

(1)将大蒜、迷迭香、丁香、甘香加入浓度为70%~75%的食用酒精,在室温下密封浸泡至少7天后过滤备用。

(2)将甘草洗净后以甘草:水为(1~5):1的比例微火煎煮至甘草:煎煮液为1:1后过滤,保存滤液;将过滤后的甘草按照以上程序再重复煎煮、过滤两次,分别保存滤液;将三次过滤后所得的滤液混合备用。

(3)成品制取:取大蒜去皮,洗净沥干,将大蒜、步骤(1)所得的滤液以及步骤(2)所得的混合滤液按照(1~3):(4~10):(4~10)的比例混合后浸泡,室温下静置40h后,用消毒灭菌后的不锈钢粉碎机磨成浆液,将磨得的浆液置于灭菌容器内密封。

产品特点:本品完全采用天然植物,在具备强抗氧化效果的同时不但保持植物食品的天然营养成分,而且使经过保鲜作用后的食品具备对人体有益的药用价值。采用的保鲜剂制作方法工艺简单,操作简便,适于规模生产、批量应用。

实例287. 鲜熟食品保鲜剂

原料	配料比(质量份)
甘油	5~15 份
二氧化硅粉	2~5 份
水	4~8 份
氢氧化钙	4~8 份
邻苯二酚	3~5 份
活性炭	3~5 份

制备方法:按此类产品常规方法制备。

本产品的保鲜原理:氧气的存在导致细菌等的生存、繁殖,从食品包装袋中去除氧气,彻底杜绝了细菌等的生长,无疑是绝好的保鲜方法。

产品特点:本品的配方没有铁粉的加入,在抑菌、杀菌的同时,又能保证产品通过检测关不会产生误导;广泛用于熟食食品包装袋中的保鲜。

实例288. 食品保鲜剂

原料	配料比(质量份)
甘油	5~15 份
单宁酸	1~3 份
二氧化硅粉	2~5 份
水	4~8 份
氢氧化钙	8 份

制备方法:将各组分依照配料比按该类产品常规生产方法制备。

产品特点:同"鲜熟食品保鲜剂"。

实例289. 具有吸收氧气功能的食品保鲜剂

原料	配料比(质量份)
L-抗坏血酸钠	0.5~2 份
碳酸氢钠	0.5~2 份
沸石	0.5~1 份
七水合硫酸亚铁	1~10 份
二水合氯化钠	1~3 份
活性炭	1~3 份

制备方法:将各组分依照配料比按该类产品常规生产方法制备。

产品特点:本品配方科学、制作工艺简单,适合于面包、香肠、糕点、茶叶海产品、中药等的保鲜,本产品不直接掺入食品中,而是与包装材料一起放入食品容器中,它能把氧气抑制在0.1%以下,从而抑制细菌的生长,且不改变食品的色泽和风味,是较安全的食品保鲜剂。

实例290. 食品保鲜剂及保鲜香肠

原料	配料比(质量份)
蜂胶超临界 CO_2 提取物	10~25 份
蔗糖脂肪酸酯	2~5 份
卵磷脂	1~2.5 份
乙醇/1,2-丙二醇	72~82.5 份

注:所述香肠按份计包括:食品保鲜剂0.4~2.4份,水介质1.2~12份,鲜肉75~86份。

制备方法:将各组分依照配料比按该类产品常规生产方法制备。

产品特点:本品保鲜效果更好、更稳定,具有高效抗菌、防霉、抗氧化及成膜性能,水溶性好,使用方便,经济实用,应用广泛,天然安全无毒副作用;添加本品所述保鲜剂的香肠能明显提高保鲜效果,保持良好的后熟腊香风味和口感,延长保质期。

（八）害虫杀虫剂

实例291. 长效卫生害虫杀虫剂

原料	配料比（质量份）
高效氯氰菊酯	0.5～8.6 份
右旋胺菊酯	0.5～4.8 份
右旋苯醚菊酯	0.5～3.9 份
水	补足 100 份

制备方法：将各组分依照配料比按该类产品常规生产方法制备。

产品特点：本品是以水作溶剂的乳剂型高效广谱，高渗透，无污染，且滞留杀灭害虫持效期长的新型卫生害虫杀虫剂。

实例292. 诱杀害虫的杀虫剂

原料	配料比（质量份）
纤维素	10～60 份
膨润土	10～60 份
糊精	10～30 份
蔗糖	10～50 份
饴糖	10～50 份
植物杀虫剂	3～15 份
液体引诱剂	5～30 份

注：纤维素和膨润土主要是吸附液体引诱剂，使其液体引诱剂缓慢的挥发；糊精、蔗糖、饴糖是食物引诱剂，引诱害虫吃掉杀虫剂。

制备方法：将以上原料混合搅拌均匀，用塑料袋密封包装即可。

产品特点：本品制作工艺简单，且对环境不会造成污染，使用方便，是一种较为理想的无公害杀虫剂。

实例293. 蔬菜害虫杀虫剂

原料	配料比（质量份）
多杀菌素	1～9 份

阿维菌素	0.1～9 份
填充剂	补足 100 份

制备方法:将各组分依照配料比按该类产品常规生产方法制备。

产品特点:本品尤其对小菜蛾、蓟马和害螨杀灭效果好,且能有效地提高药效,减少用药量。

实例 294. 飞翔害虫驱除剂组合物

原料	配料比(质量份)
香料成分	0.5～5.0 份
高级烷基胺氧化物类表面活性剂	0.3～3.0 份
非离子型表面活性剂	1.0～8.0 份
低级醇和水	3.0～12 份

制备方法:将各组分依照配料比按该类产品常规生产方法制备。

产品特点:本品对飞翔害虫有实用的驱除效果,同时有理想的芳香作用,是着火的危险性小的水性的飞翔害虫驱除剂组合物。

实例 295. 鳞翅目害虫杀虫剂

原料	配料比(质量份)
高效氯氰菊酯乳油	20～25 份
灭幼脲悬浮剂	55～65 份
辛硫磷乳油	适量

制备方法:将各组分依照配料比按该类产品常规生产方法制备。

产品特点:本品高效、低毒、广谱,使用效果显著,当鳞翅目害虫触药或口食即可死亡,残尸僵化,残骸暴露在作物的叶面上,直观效果明显。可以迅速杀灭棉铃虫、小菜蛾、菜粉蝶等鳞翅目害虫。

实例 296. 松树蛀干类害虫引诱剂

原料	配料比(质量份)
α-松萜	42～56 份
β-松萜	11～23 份
苧烯	5～10 份

长叶烯	3~5 份
石竹烯	1~3 份
D-异抗坏血酸	0.1 份
溶剂	15~30 份

注：α-松萜、β-松萜、苎烯、长叶烯、石竹烯均由松树碎片中提取得到；所述溶剂为有机溶剂包括无水乙醇、无水石油醚、无水氯仿中的任意一种。

制备方法：将松树碎片加入溶剂，于78~85℃下蒸煮2h后，再浓缩1h，浓缩成膏及结晶体，再加入无水乙醇，搅拌直至充分溶解制成饱和液，取上清液加入D-异抗坏血酸混合均匀，即得引诱剂液体。加入灌装机中，人工或机械搅拌15次/min，搅拌15min，温度控制在30℃，使各化学药剂成品充分溶解分别灌装，将引诱剂200mL装入250mL的诱液瓶中密封待用；此引诱剂呈淡黄色半透明液体。

使用方法：用专用诱捕器进行害虫诱捕。

产品特点：本品对松褐天牛、褐幽天牛等害虫均有很好的引诱作用，每瓶药液持续有效时间为15天以上，不仅引诱活性高，而且不污染环境，成本低廉、制造工艺简单，节约成本，安全、直接、环保、高效。

实例297. 低含量的防治卫生害虫的杀虫剂

原料	配料比（质量份）
四氟甲醚菊酯	0.01~0.3 份
溴氰菊酯	0.02~0.2 份
促渗剂	0.5~10 份
溶剂	30~98 份

制备方法：将各组分依照配料比按该类产品常规生产方法制备。

产品特点：本品的杀虫剂具有击倒速度快，触杀性能好，胃毒作用强，对具有了抗药性的卫生害虫杀灭效果显著。

实例298. 防治仓储害虫固体制剂

原料	配料比（质量份）
天然除虫菊素	1~10 份

植物源增效剂	1～50 份
植物源抗氧化剂	0.8～15 份
植物源挥发剂	1～50 份
天然黏结剂	1～50 份
填料	补足 100 份

制备方法:将各组分依照配料比按该类产品常规生产方法制备。

产品特点:本品克服了现有防治仓储害虫农药存在的缺点,而且使用的抗氧化剂、增效剂等完全为植物源材料,真正实现了纯天然化,对环境安全、无污染,而且可节约资源,生产工艺简单,减少生产成本,提高杀虫效果。

实例 299. 地下害虫诱杀颗粒剂

原料	配料比(质量份)
谷物饵料	50～300 份
杀虫剂	0.1～5 份
柠檬酸钠	0.002～0.02 份
水性色浆	0.1～10 份
水	0.1～5 份

注:所述谷物饵料为谷子、糜子、小麦、高粱、稻谷等谷物中的任意一种,也可由上述两种以上谷物混合而成。所述杀虫剂为辛硫磷、吡虫啉、毒死蜱、敌敌畏等杀虫剂之一,也可两种杀虫剂按照农药混用规则混合使用。

制备方法:取上述谷物原料,晒干,去杂,烘焙至香,制成谷物饵料;将杀虫剂加入水中摇匀后,加入谷物饵料中,搅拌均匀,再分别加入柠檬酸钠和水性色浆,搅拌均匀,在密闭容器中堆闷 12～24h 即为成品。

产品特点:本品可引诱害虫主动取食,持效期长,工艺简单,价格低廉,使用方便,防治效果显著。

（九）动物饲料防霉剂

实例300. 饲料防霉剂

原料	配料比（质量份）
脱氢醋酸钠	10.0~30.0 份
肉桂油	5.0~10.0 份
尼泊金乙酯钠盐	2.0~5.0 份
尼泊金丙酯钠盐	2.0~5.0 份
白炭黑	1.0~10.0 份
膨润土	40.0~80.0 份

制备方法：将各原料混合均匀即可。

产品特点：与常规饲料防霉剂相比，本饲料防霉剂具有无刺激性及腐蚀性、对饲料适口性影响较小、用量少、成本低等优点。本产品可添加于所有的动物饲料中，当添加到乳、仔猪饲料及虾、蟹饲料中时，优点体现得更加明显。

实例301. 高效饲料防霉剂

原料	配料比（质量份）
尼泊金丙酯	150~180 份
丁香粉	45~65 份
柠檬酸	3.0~15 份
云香精油	2.0~12 份
蛭石粉	100~125 份

制备方法：将各原料按配方配比分别粉碎至 60~100 目，混合均匀即可。

产品特点：本产品具有抗菌、防霉作用强，配方科学、合理高效，较好地控制微生物的代谢和生长、抑制霉菌毒素的产生，预防饲料储存期营养成分的损失，有效期长，防霉效果好，对动物和人无毒、无害，使用安全可靠，动物易消化，防病治病，工艺简单，成本低廉，并且不会影响动物的生长发育。

实例 302. 复合型饲料防霉剂

原料	配料比（质量份）
丁香油	10～25 份
肉桂油	10～20 份
纳他霉素	5～15 份
乙酸和/或丙酸	5～15 份
载体	35～60 份

制备方法：按配比量将丁香油、肉桂油和乙酸和/或丙酸投入反应釜，在搅拌的条件下加热至 50～60℃再加入纳他霉素至其完全溶解，所得物料与配比量的载体于混合机中混合均匀，冷却后取出物料经粉碎、过筛、检验、包装，即得成品。

产品特点：与现有技术相比，本品的刺激性更小，安全性得到很大提高，更符合环保的要求；且由于采用丁香油及肉桂油为主要原料，又配以适量天然抑菌物纳他霉素，不仅防霉效果好，抑菌力强，而且适口性佳。

实例 303. 饲料液体防霉剂

原料	配料比（质量份）
丙酸铵	10～15 份
丙酸钠	5～10 份
苯甲酸	8～10 份
山梨酸	3～5 份
脱氢醋酸	1～5 份
丙酸	30～50 份
吐温 -80	1～2 份
水	5～10 份
叔丁基对苯二酚	0.5～1 份

制备方法：将上述液体组分先加入混合机中，然后加入固体组分，混匀即可。

使用方法:将防霉剂与水以 1 :（15 ～ 20）的质量比混合稀释,再添加到饲料中,每吨饲料对应的液体防霉剂为 800 ～ 850g。本液体防霉剂在饲料中分布的一致性较好,可以显著提高饲料成品的水分含量而又不易导致霉变,添加量减少。

产品特点:在用量减小的同时,防霉效果提高,通过测定添加防霉剂后饲料水分和霉菌数的变化表明,本液体防霉剂防霉效果好于一般液体防霉剂。

三、工业用小化工产品

（一）防霉剂

实例304. 玻璃防霉剂

原料	配料比（质量份）
己二酸	25～75 份
聚甲基丙烯酸甲酯	25～75 份

制备方法：

（1）将原料己二酸和聚甲基丙烯酸分别置于不锈钢外壳的球磨机中粉碎磨细，出料过筛，取150～250目粉料待用。

（2）称取上述两种粉料各50份置于搅拌机械或旋转滚筒内混合均匀，出料即得成品。

产品特点：本品喷于玻璃表面，可消除聚集于玻璃表面的碱金属离子，并使叠合玻璃之间有较好的透气性，有利于水分散发，因而可有效地防止玻璃霉变，保证了玻璃的质量。

实例305. 用于建筑物表面抗菌防霉剂

原料	配料比（质量份）
涂装乳液	20～90 份
纳米二氧化钛	0.1～5 份
成膜助剂	0.1～10 份
分散剂	0.05～0.5 份
乳化剂	0.1～1 份
多功能助剂	0.1～1 份
防霉助剂	0.1～10 份
水	5～70 份

制备方法:将各组分依照配料比按该类产品常规生产方法制备。

产品特点:本品可以随时喷涂于建筑物表面更新催化抗菌防霉涂层,使用方法简单、灵活,与内外墙涂料有很好的结合力和相容性,同时充分发挥了纳米二氧化钛催化与防霉剂协同杀菌防霉作用,可以去除甲醛 VOC 等挥发性气体,且制备方法简单,添加剂少,生产成本低。

实例306. 涂料防霉剂

原料	配料比(质量份)
柠檬酸钠	2.5~4 份
茶多酚	1~3 份
五氯苯酚	0.5~1.5 份
硼砂	2~7 份
水	补足100 份

制备方法:将柠檬酸钠和硼砂加入适量的水中,混匀;将茶多酚和五氯苯酚加入适量的水中,混匀;将上述两步骤所得的混合物混合,加水,搅拌均匀,即得成品。

产品特点:本品能够有效抑制建筑体中霉菌的生长,保护建筑体和涂料本身不受霉菌的侵蚀,长久保持建筑体的美观。

实例307. 商品参植物防霉剂

原料	配料比(质量份)
细辛	25~35 份
阔叶樟	25~35 份
银木	15~25 份
丁香	5~15 份
桂皮	5~15 份

制备方法:将各原料干燥后粉碎,过筛,混合均匀,然后喷洒羧甲基纤维素,经充分搅拌,压块后干燥,即得成品。

产品特点:本品具有制作工艺简单、安全、方便、无毒等优点,可用于含水量15% 以下的商品参储藏。本产品与商品参同储于拉伸尼龙/聚乙烯复合膜包装袋内,可以达到防止商品霉变的目的。

实例308. 橡胶木的防霉剂

原料	配料比(质量份)
硫酸(体积分数10%)	0.02~0.04 份
乙基丁基胺	0.2~0.4 份
四硼酸钠	0.2~0.4 份
水	补足100 份

制备方法:将各原料混合均匀即得成品。

产品特点:本品具有良好的防霉效果,不会对周围的人或生态环境造成危害。经处理后的木材不会影响其天然的色泽,且不会含有毒物质。因此无论在生产、运输及使用过程中都比较安全。

实例309. 多功能防霉剂

原料	配料比(质量份)
高聚物纳米载体	40~60 份
百菌清	5~10 份
竹醋酸	1~5 份
水	补足100 份

制备方法:将各种原料溶于水中,搅拌使固体物全部溶解后即得成品。

产品特点:本品采用高聚物纳米载体和生物防霉剂竹醋酸相结合,有机制剂需添加乳化剂溶解,有机溶媒容易挥发而对环境造成污染问题,纳米载体可将防霉在基材定位,缓慢释放,在一定程度上提升了防霉的使用价值和扩大其应用范围。

实例310. 用于建筑内墙的除霉防霉剂

原料	配料比(质量份)
次氯酸钙	2~5 份
苯并咪唑氨基甲酸甲酯	10~15 份
四氯间苯二甲腈	8~12 份
甲基丙烯酸羟丙磺酸钠	2~8 份
水	补足100 份

制备方法:将上述原料混合均匀,于乳化设备乳化2~4h即可。

产品特点:本品对人体无毒,可快速除去墙体霉斑,且不破坏墙体,使长满霉斑的墙体恢复本来面目,并能长时间防止霉菌再生。

实例311. 具有酸化功效的复合防霉剂

原料	配料比(质量份)
丙酸—丙酸铵—双丙酸铵混合物	20~50 份
冰醋酸—醋酸铵—双醋酸铵混合物	5~15 份
苯甲酸	2~10 份
脱氢醋酸和/或山梨酸	1~3 份
载体	37~55 份

制备方法:丙酸—丙酸铵—双丙酸铵混合物、冰醋酸—醋酸铵—双醋酸铵中间产物组分和苯甲酸、脱氢醋酸和/或山梨酸和载体混合体搅拌均匀,过滤、检验、包装,即得成品。

产品特点:本品具有防霉与酸化双重功能,协同增效,避免拮抗,制备简易、成本低,应用价值高。

实例312. 用于室内外建筑墙体、金属或木质结构及家具的除霉防霉剂

原料	配料比(质量份)
苯乙烯	5~20 份
双氯苯双胍己烷	1~3 份
丙烯酸酯	4~20 份
乙二醇	0.1~0.4 份
次氯酸	10~15 份
水	40~80 份

制备方法:各原料按重量百分比配比,用常规方法制备而成。

产品特点:本品在不破坏原有墙体或其他装饰结构的基础上,彻底杀灭霉菌,恢复结构固有颜色,并通过长久的固化结构表面从而达到抑制霉菌再生的效果。可在建筑室内使用,对于人体无毒无害。

实例313. 环保抗菌防霉剂

原料	配料比（质量份）
抗菌剂	1 份
防霉剂	20 份
防虫剂	10 份
防水剂	20 份
乳化剂	1 份
显色剂	0.3 份
稀释剂	25 份
增塑剂	0.1 份
有机溶剂	35 份

制备方法：按质量比将抗菌剂、防霉剂、防虫剂、防水剂、乳化剂、显色剂、稀释剂、增塑剂、有机溶剂加入反应器中，在搅拌加温的条件下，以55~60℃的温度进行均质、乳化等工艺，即得成品。

产品特点：将完成品直接用各种刻有文字或图案的印章，黏附完成品，印压于各种物品的表面上或包装内盒里；风干后，可印刷成各种物品的吊牌；可同时达到防霉、抗菌、除虫、除臭等效果。

实例314. 密度板阻燃防霉剂

原料	配料比（质量份）
硼酸钠	40~100 份
聚磷酸铵	30~80 份
三氧化二锑	30~60 份
有机硅季铵盐	6~30 份
乙醇溶液(40%)	适量

制备方法：将硼酸钠在60~70℃下烘干5~6h，然后与有机硅季铵盐乙醇溶液混合，搅拌10~20min，使之混合均匀，放置10~15h；再依次加入聚磷酸铵和三氧化二锑，搅拌25~30min，即得成品。

产品特点：应用时，密度板阻燃防霉剂添加量为密度板木材质量的4%~6%。利用本产品阻燃防霉剂制得的阻燃防霉密度板燃烧限氧指数均超过40.0%，可达到建筑装修材料燃烧性能B1级标准，符合消防法要求。

实例315. 药用防霉剂

原料	配料比(质量份)
二次还原铁粉	20~60 份
煤渣	20~50 份
蛭石	1~10 份
活性炭	1~10 份
氢氧化钙	2~20 份
二氧化硅复合粒子	1~10 份
负离子粉	1~10 份
饱和食盐水	10~15 份

制备方法:将煤渣、活性炭、氢氧化钙、蛭石混合并雾状喷洒饱和食盐水,加入二次还原铁粉,再雾状喷洒饱和食盐水,继续混合至均匀;将二氧化硅复合离子与负离子粉混合;将上述混合料放置在一起,充分混合搅拌均匀后采用纸塑包装物包装即可。

产品特点:本品工艺简单,配方独特,原料来源广,无污染;能有效吸除包装容器中的游离氧、游离水、游离油脂以及二氧化碳,有效抑制虫卵、霉菌和酵母菌的生长。

实例316. 微乳液型木竹材防霉剂

原料	配料比(质量份)
异噻唑啉酮类原药	1~200 份
酯类溶剂	1~1000 份
醇类(或醚类助溶剂)	1~500 份
聚氧乙烯醚类非离子型表面活性剂	1~1500 份
琥珀酸盐类(或聚氧乙烯醚盐类)离子	1~150 份
型表面活性剂	
长链羧酸类添加剂	1~100 份
水	1~1000000 份

制备方法:取原药 DCOIT 溶解在 2,2,4 - 三甲基 - 1,3 - 戊二醇

单异丁酸酯中,溶解过程在60℃的水浴锅中完成,待原药完全溶解后,加入苯甲醇,形成稳定的油相后,边搅拌边缓慢依次加入蓖麻油聚氧乙烯醚40、油酸以及二辛基磺基琥珀酸钠,在60℃的水浴锅中加热并以200r/min的速度搅拌3min,乳油制备完成,冷冻24h后,取乳油加去离子水,即得到DCOIT浓度为0.05%的微乳液型木竹材防霉剂。

产品特点:化学药剂均符合环保无毒害要求,且制备工艺简单;结晶程度低、稳定性高和粒径小;较高的渗透性和防霉性,并降低处理木竹材的体积膨胀率等;稳定、高效、环保,远远优于现有技术。

实例317. 烤烟防霉剂

原料	配料比(质量份)
纳他霉素	0.005 ~ 0.2 份
柠檬酸钾	0.02 ~ 0.08 份
水	适量

制备方法:原料按重量份数配比,搅拌均匀即得成品。

产品特点:采用喷雾或浸泡的方法将该防霉剂均匀加入即将进入初烤阶段的鲜烟叶上,装炕之后按常规三阶梯烘烤工艺进行初烤,使烟叶获得对霉变微生物的抗性。试验表明,应用本产品所述的防霉剂,对烟叶品质无影响,对人体无毒无刺激。不仅工艺简单,防霉效果好,运行成本低廉,而且使烟叶对霉变微生物的抗性贯穿于烟叶烘烤到仓储的整个过程,防止了烟叶在初烤、分级、运输和仓储过程中发生霉变,具有较好的推广应用价值及经济效益。

实例318. 烟叶、烟丝及香烟防霉剂

原料	配料比(质量份)
反丁烯二酸甲酯	10 ~ 100 份
辅助剂(矿物质)	0 ~ 90 份

制备方法:将各组分依照配料比按该类产品常规生产方法制备。

产品特点:反丁烯二酸甲酯属碳水化合物,可参与体内新陈代谢,是近年国内外新产品的防霉剂,能抑制数十种霉菌的生长,不受环境中pH、温度、湿度影响,且其用量少,不影响烟叶及烟丝的任何质量指

标,有助于烟叶存放质量的提高。烟叶及烟丝的发霉系烟草工业受损失最大的因素。使用反丁烯二酸甲酯防霉后可极大地提高烟草工业的经济效益,同时有增进人民身体健康的作用。

实例319. 纸浆杀菌防霉剂的组合物

原料	配料比(质量份)
桂醛	5~10 份
硫酸铵	1~2 份
次氯酸钠	2~4 份
聚乙烯醇	1~3 份
水	适量

制备方法:将硫酸铵溶于水搅拌均匀后加入次氯酸钠、桂醛和聚乙烯醇搅拌均匀即可。

产品特点:本品对消除细菌性腐浆的效果显著,其成本低,安全、杀菌防霉效果佳。

实例320. 竹木质材料高效防腐防霉剂

原料	配料比(质量份)
硫酸铜	10 份
硫酸铵	8 份
高岭土	10 份
硝基苯酚	5 份
三唑酮	1 份
氯菊酯	3 份
水	30 份

制备方法:先将硫酸铵、硫酸铜、三唑酮溶于30~45℃的水中,待完全溶解后,加入高岭土、硝基苯酚充分搅拌,然后于45℃下加入氯菊酯搅拌均匀,冷却至常温即可。

产品特点:本品采用的组分均不会对人体构成伤害,且配比简单、防腐效果佳,适合各种环境下的竹木质材料的防腐应用,成本低廉,实用性强。

实例321. 复合型天然植物提取物稻谷防霉剂

原料	配料比（质量份）
藤茶提取物	49.5～50 份
茶叶提取物	25.1～25.5 份
桑叶提取物	24.5～25 份
陈皮精油	0.15～0.2 份
丁香精油	0.2～0.25 份

制备方法：按上述配比称取藤茶提取物、茶叶提取物、桑叶提取物、陈皮精油和丁香精油置于调配罐中，搅拌均匀，复合铝袋包装或罐装后即得成品。

产品特点：本品配方合理，充分利用了各原料各自具备的特性，合理组配使其发挥综合杀霉抑霉作用，经实验验证对稻谷防霉效果非常明显，达到了既安全又防霉的目的；加工制作简单，使用方便，为预防稻谷防霉提供了理想的药物。

实例322. 液体防霉剂

原料	配料比（质量份）
水	20～40 份
谷氨酸钠	1～3 份
丙酸盐	50～70 份
山梨酸钾	1～10 份
乳化剂	1～3 份

制备方法：先把液体组分加入混合机，然后加入固体组分，混匀即可。

产品特点：本品具有稳定、强效性和长效性，此外液体防霉剂 pH 呈中性，因而不会影响饲料适口性，不腐蚀设备，对人畜安全。

实例323. 全效防霉剂

原料	配料比（质量份）
牛奶	30～50 份
氧化钙	15～40 份

麦糠	20～30 份
异丙醇	20～35 份
对硝基酚	10～20 份
次氯酸钠	5～18 份
间二苯酚	2～15 份
苍术	10～25 份
广藿香	2～8 份
蒸馏水	100～200 份

制备方法：

（1）将苍术和广藿香洗净，晒干，粉碎后，用醇提法回流提取 1～3 次，每次 10～20min 的混合醇提液。

（2）将麦糠粉碎后放入清水中煎煮 3～7h，过滤得到麦糠煎煮液。

（3）将氧化钙、异丙醇、对硝基酚、次氯酸钠以及间二苯酚倒入装满蒸馏水的反应釜中，加热搅拌至完全溶解得到混合溶液。

（4）将步骤（1）得到的混合醇提液和步骤（2）得到的煎煮液一起倒入反应釜中搅拌 20～50min。

（5）将牛奶倒入反应釜中，加热至 50～70℃，保温静置，即得成品。

产品特点：本品功能全面，适用于食物、家具以及墙漆和墙纸的防霉，效果好，持续时间久，成本低廉。

（二）混凝土外加剂

实例324. 喷射混凝土外加剂

原料	配料比（质量份）
冷水速溶型粉状甲基纤维素醚（或冷水速溶型粉状羟乙基纤维）	13～15 份
冷水速溶型粉状聚乙烯醇	13～15 份
萘系粉状减水剂	8～11 份
网状聚丙烯纤维	1～2 份

水泥速凝剂   58～62 份

制备方法:将上述原料混合,将混合后的物料静置 2～3h,出料、包装即得成品。

产品特点:本品将上述各组分组合添加在混凝土中,可以增加混凝土的内聚力和早期料浆的黏度,料浆初凝时间短,可使混凝土减少30%～50%的回弹量。

实例325. 混凝土外加剂冬季组合物

原料	配料比(质量份)
水	65.9 份
萘系减水剂	12 份
脂肪族减水剂	11.5 份
纯碱	6 份
木钠	4.5 份
引气剂	0.1 份

制备方法:将各组分依照配料比按该类产品常规生产方法制备。

产品特点:本品提供的混凝土外加剂冬季组合物具有用量少,使用经济,可降低混凝土生产的成本,对改善和调节混凝土的性能效果好。

实例326. 混凝土外加剂母液

原料	配料比(质量份)
单甲醚	1 份
丙烯酸	0.48～0.55 份
稳定剂(对苯二酚)	0.01～0.02 份
引发剂(过硫酸铵)	0.4～0.45 份
氢氧化钠	0.1～0.13 份
水	3.3～3.5 份

制备方法:

(1)按上述比例加入单甲醚、丙烯酸和稳定剂,升温至 60～80℃,搅拌 3h。

(2)将步骤(1)反应好的液体抽至冷却器中,冷却至常温,加入1/4的水,搅拌均匀。

(3)将步骤(2)混合好的液体抽至滴加罐,准备滴加,滴加前,在反应釜中加入余下 3/4 的水,加入引发剂,加温至 80 ~ 90℃;开始滴加,于 1h 内完成,完成后将所得液体降至 40℃ 以下;加入氢氧化钠,搅拌均匀,抽料储存。

产品特点:本品采用单甲醚及内烯酸作为主要大单体原料,稳定剂控制反应,酯化法合成大单体,单体滴加、引发剂分批加入的聚合方法,具有工艺简单,容易控制,原料易得等特点。

实例 327. 核电混凝土外加剂

原料	配料比(质量份)
聚羧酸减水剂	30 ~ 80 份
聚羧酸保坍剂	10 ~ 30 份
缓凝剂	1 ~ 15 份
保水剂	0 ~ 0.5 份
引气剂	0.1 ~ 2 份
减缩剂	1 ~ 20 份
防腐剂	0 ~ 0.5 份
消泡剂	0.05 ~ 0.5 份
水	补足 100 份

制备方法:将上述原材料混合均匀即可。

产品特点:本品的外加剂具有改善凝土工作性、缓凝(避免施工时间长引起的冷缝)、降低混凝土的温峰值、降低混凝土干燥收缩、在混凝土中引入微小气泡,提高混凝土耐久性等功能,能满足工程的需要。

实例 328. 矿用快硬高强混凝土外加剂

原料	配料比(质量份)
高效减水剂	10 ~ 15 份
碱性早强组分	1 ~ 5 份
金属引气组分铝粉	0.5 ~ 5 份

促凝早强组分　　　　　　　　　　　75~80 份

注:所述高效减水剂由萘系高效减水剂和氨基磺酸盐高效减水剂复合,促凝早强组分由 525#快硬水泥和 525#速凝水泥组成。

制备方法:按配比称量各种原料,然后在搅拌机内混合,搅拌均匀即可。

产品特点:可以使混凝土具有较高的流动性能满足泵送施工,又可以明显缩短混凝土的凝结时间,并具有较高的后期强度。

实例 329. 井筒专用混凝土外加剂

原料	配料比(质量份)
减水剂	6~10 份
矿粉	60~80 份
硅灰	10~15 份
粉煤灰	16~37 份

制备方法:按照质量比先加入矿粉和粉煤灰搅拌 3min,然后加入减水剂和硅灰一起搅拌 5min,制备而成。

使用方法:本外加剂用于混凝土制备时,掺加量为 10~20 份,在砂石质量等级差的情况下,仍可配制出强度等级为 C60~C100 的混凝土。

产品特点:本品应用于煤矿井筒普通法、冻结法施工的单、双层井壁的井筒专用混凝土外加剂,以保证砂石质量差的地区进行施工时,所制混凝土能满足对井壁强度、减缩抗裂、防水、早强、改善耐久性的要求。

实例 330. 混凝土外加剂

原料	配料比(质量份)
甲基丙烯酸	3~6 份
聚乙二醇单醚丙烯酸酯单体	12~25 份
烯丙基磺酸钠	1~2 份
聚醚丙烯酸酯单体	0.5~1 份
硫酸亚铁	5~25 份
工业盐	4~20 份

| 粉煤灰 | 1～5 份 |
| 碳酸钙粉 | 8～15 份 |

制备方法:将甲基丙烯酸、聚乙二醇单醚丙烯酸酯单体、烯丙基磺酸钠及聚醚丙烯酸酯单体进行共聚合反应得到共聚物,将硫酸亚铁、工业盐、粉煤灰及碳酸钙粉搅拌混合后,与共聚物混合得到混凝土外加剂。

产品特点:与现有技术相比,本品在不改变浆体的流动性的前提下,充填用水量减少 15%～25%,混凝土早起强度增加 15%～40%,制备工艺简单、生产周期短、成本低廉,适合工业化生产。

实例331. 抗硫酸盐侵蚀的混凝土外加剂

原料	配料比(质量份)
硅酸盐水泥熟料	15～50 份
矿渣粉	40～80 份
沸石粉	1～5 份
硝酸钡	1～3 份
聚氧乙烯醚	0.5～2 份
乙烯基树脂	0.5～2 份

注:以上各原料在混凝土中的掺量为所需胶凝材料的 5%～8%。

制备方法:将硝酸钡、聚氧乙烯醚、乙烯基树脂按比例混合均匀,置于研磨机中研磨得到混合料,粉度达到 $400～500 m^2/kg$。然后将上述混合料、硅酸盐水泥熟料、矿渣粉、沸石粉按比例加入搅拌容器中,搅拌均匀即可使用。

产品特点:本品可显著提高混凝土的抗硫酸盐侵蚀能力,且原料容易获得,制作工艺简单。

实例332. 耐海水侵蚀的混凝土外加剂

原料	配料比(质量份)
矿渣(比表面积 $400 m^2/kg$ 以上)	30～60 份
硬石膏	5～15 份
粉煤灰	25～40 份
石灰石	1～8 份

沸石	5~20 份

制备方法:将所述原料按照配方比例混合输入磨机,磨成比表面积 400m²/kg 以上的微粉后即可。

产品特点:本品具有高比表面积、高硅、高铝、高活性与 425# 水泥、525# 水泥适当匹配具有"微粉填充效应",能提高混凝土的砼的密实度,从而提高抗折、抗压强度,尤其是能在易被侵蚀的铝酸盐化合物上覆盖了一层 C—S—H 凝胶的保护膜,达到了抗海水侵蚀、抗氯离子渗透、抗冻的效果。

实例 333. 低回弹率高强度喷射混凝土外加剂

原料	配料比(质量份)
活性蒙脱土	30~240 份
速凝剂	30~70 份
丙烯酸共聚物	0.8~12 份

制备方法:将各组分依照配料比按该类产品常规生产方法制备。

产品特点:本品主要用于喷射混凝土干喷工艺,具有粉尘浓度低、回弹率低、后期强度高等优点。

实例 334. 抗盐渍系列混凝土外加剂

原料	配料比(质量份)
β-基萘磺酸钠甲醛缩聚物	75~92 份
硫酸钠	4~15 份
松香热聚物	0.5~3.5 份
镁粉	1~2 份
烷基苯磺酸盐	0.5~3.5 份
氟硅酸钠	1~3.5 份
三乙醇胺	1~2 份
硅酮	0.5~3.5 份
消泡剂	0.9~1.1 份
氯化钙	0.9~1.1 份
亚硝酸钠 + 硫酸钠	0.9~1.1 份

羟基羧酸类   1.5~2.5 份

制备方法:将各组分依照配料比按该类产品常规生产方法制备。

产品特点:本品对提高混凝土的抗冻能力、抗渗能力、抗腐蚀能力、延长工程结构使用寿命均有良好的效果。本产品原料充足,配制简便,可广泛应用于盐湖地区和盐渍土地区一切工程结构建设中。

实例335. 水泥混凝土道路修补用水泥混凝土外加剂

原料	配料比(质量份)
工业废渣	70~80 份
膨润土	10~15 份
硅粉	8~15 份

制备方法:将各组分混合后粉磨至比表面积大于 $500m^2$/份。水泥与该外加剂质量份数配比为(1:0.025)~(1:0.035)。

产品特点:本品具有高早强,早期微膨胀、后期无收缩,抗裂防渗,不锈蚀钢筋,延缓温峰适合大体积混凝土施工等特点,特别适用于公路混凝土路面和桥梁、涵洞、隧道等工程的维修工程。

实例336. 用于抑制变质岩骨料碱活性的混凝土外加剂

原料	配料比(质量份)
矿物掺和料	94~99 份
锂化合物	0.1~1.5 份
硅烷	0.5~3 份
引气剂	0.02~4 份

制备方法:将称量好的各组分倒入搅拌机中,硅烷最后加入,搅拌 5~10min 至混合均匀即得成品。

产品特点:本品可以用于配制不同强度等级和用途的变质岩机制砂混凝土,对变质岩混凝土碱骨料反应的抑制效应相当显著。

实例337. 高强透水混凝土外加剂及透水混凝土

原料	配料比(质量份)
减水剂	50~100 份

胶粉	100 ~ 120 份
颜料	180 ~ 300 份
石棉绒	80 ~ 100 份
石膏粉	150 ~ 200 份
重钙粉	100 份

注:所述外加剂为混凝土中水泥质量的30%～35%,混凝土中有15%～18%的铁矿渣。所述混凝土中余量为碎石子和水。

制备方法:将所述重量配比的原料通过机械混合均匀制成。

产品特点:其制成的混凝土具有良好的透水性和透气性;下雨时不积水、减轻雨水飞溅现象;优越的高承载能力和环保性;良好的安全性,美观的视觉效果,雨天夜间行车时,减少因大光灯的反射造成的事故;作为防滑车道,减轻水雾现象的发生和防止交通事故;还能实现废旧资源再利用的优点。

实例338. 抗扰动混凝土外加剂

原料	配料比(质量份)
膨胀剂	11 ~ 25 份
调凝剂	0 ~ 0.5 份
早强剂	3 ~ 7 份
纤维	1 ~ 3 份
特种矿物掺和料	15 ~ 60 份
石英砂	5 ~ 70 份

制备方法:将各原材料倒入搅拌机,调凝剂应最后加入,搅拌10min,混合均匀即得成品。

产品特点:在混凝土中掺入一定量的本品,可提高混凝土的高抗交通扰动、合理的初凝终凝时间差,具有高早期强度、高抗裂性、高黏结性能、高耐久性等性能。

实例339. 隧道混凝土外加剂

| 原料 | 配料比(质量份) |
| 表面活性剂 | 20 ~ 30 份 |

激发剂	45 ~ 50 份
防水剂	20 ~ 30 份
载体	230 ~ 400 份

制备方法:只需将各原料均匀混合后,再与载体材料(商品粉煤灰)均匀混合即成。

产品特点:本品中加入了由大量的煤电工厂的工业废渣(商品粉煤灰)和部分无机和有机化工厂产品配合即成节能环保产品,减少了水泥的用量,达到节约水泥,在表面活性剂、激发剂和防水剂材料激发催化下能充分发挥粉煤灰中活性物质的胶凝作用,从而使隧道混凝土的密实度和防水抗渗的能力大大提高,从而提高了工程质量。

(三)隔音材料

实例 340. 三组分保温防火隔音材料

原料	配料比(质量份)
无机胶凝材料	15 ~ 40 份
聚苯乙烯发泡颗粒	20 ~ 50 份
玻化微珠颗粒	20 ~ 40 份
水	适量

制备方法:先将聚苯乙烯发泡颗粒、玻化微珠颗粒与无机胶凝材料按配比均匀混合,然后加入水搅拌均匀,在施工现场抹灰施工。

产品特点:本品解决了传统保温隔音材料防火保温隔音效果差的问题,其保温隔热性能良好,导热系数可达到 0.06W/(m·K),阻燃性能达到 A 级。同时该材料既可在施工现场抹灰施工,亦可预制成不同规格的层状保温防火隔音板材,解决了传统隔音板施工不便的难题,可用于建筑保温、防火及隔音需求在内的各种应用场所。

实例 341. 超声波传感器用隔音材料

| 原料 | 配料比(质量份) |
| 环氧树脂 | 60 ~ 85 份 |

发泡剂	3~10 份
增韧剂	5~15 份
固化剂	5~20 份

制备方法:将环氧树脂、发泡剂、增韧剂、固化剂混合,在 80~120℃下加热 1.5~2h,即得所需的隔音材料。

产品特点:本品工艺简单,同时利用该工艺制备的超声波传感器用隔音材料其孔隙可达到 300~800 目,使得消音效果好,使用寿命长,稳定性好。

实例 342. EVA 发泡减震材料

原料	配料比(质量份)
EVA	10~30 份
NBR	10~30 份
PVC	30~50 份
环氧大豆油	10~20 份
碳酸钙	10~20 份
发泡剂	1~3 份
交联剂	0.5~1 份
硬脂酸钡	0.5~1 份
氧化锌	1~3 份
增塑剂	10~15 份
促进剂	0.5~1 份

制备方法:

(1)将 EVA、NBR、PVC、环氧大豆油、碳酸钙、硬脂酸钡、氧化锌、增塑剂和促进剂投入密炼机中,启动密炼机进行搅拌,待物料结块时下压重锤进行混炼,密炼温度每上升 2℃ 翻料一次,(127±2)℃ 时倒料。

(2)将第一台开炼机两个滚轮之间的距离放大到 5~10mm,物料在两个滚轮之间通过三遍,然后分料到第二台开炼机打薄包;然后将第一台开炼机的两个滚轮之间的距离缩小到无间隙,剩余的材料在第一台开炼机上打薄包。

(3)将物料再次投入密炼机混炼,密炼温度达(115±2)℃时升起重锤投放发泡剂和交联剂,密炼温度达(125±2)℃时倒料。

(4)将第一台开炼机两个滚轮之间的距离放大到5～10mm,物料在两个滚轮之间通过两遍,然后分料到第二台开炼机打薄包三遍。

(5)称出入模物料的重量再次投到第一台开炼机上打薄包三遍,在第三台开炼机上放大如模具规格长度,在模板上放一张平整的胶片将压好的材料放到模板上,硫化气压6～8MPa,时间为25～35min即可。

产品特点:与现有技术相比,本品配方中加入的丁腈橡胶耐油性高,工艺操作容易,弹性小,使产品减震性能好。聚氯乙烯具有不易燃、高强度、耐气候性好及优良的几何稳定性,赋予产品优良的耐老化性能。添加环氧大豆油除可作为润滑剂减小物料黏度,提高物料流动性降低工艺操作难度系数外,还是广泛使用的橡胶软化剂,赋予产品优良的柔软性,更是 PVC 环保增塑剂兼稳定剂,提高产品的稳定性。

(四)隔热保温材料

实例343. 干粉隔热保温材料

原料	配料比(质量份)
废弃电子线路板粉料	45～55 份
复合胶凝材料	40～52 份
乳胶粉	1～3 份
废弃聚苯乙烯颗粒	1～3 份
增稠剂	0.2～0.8 份
防裂剂	0.05～0.15 份
引气减水剂	0.005～0.02 份

制备方法:将各原料依次加入混合机中,经充分搅拌,混合均匀,即得成品。

使用方法:使用时,需加入一定量的水分,充分搅拌均匀后,再陈化10min,即可使用。将其涂饰在建筑物外墙作隔热保温材料。

产品特点:本产品方法制得的隔热保温材料,其导热系数低、重量轻、不开裂、保温效果好。

实例 344. 高温隔热保温材料

原料	配料比(质量份)
优质低钙铝酸盐水泥	70 ~ 50 份
海泡石	30 ~ 50 份

制备方法:将各组分依照配料比按该类产品常规生产方法制备。

产品特点:本品成本低廉,施工方便,它可广泛用于冶金机械、电子、石油化工、建筑、热工仪表等领域,在军工领域也有重要的使用价值。使用本产品的隔热保温材料,其砌筑构件具有不产生缝隙、强度高、耐高温(明火1700℃)等优越性能。

实例 345. 稀土无石棉复合隔热保温材料

原料	配料比(质量份)
珍珠岩	10 ~ 15 份
麦饭石	1 ~ 15 份
高温胶	0.001 ~ 0.002 份
硅藻土	1 ~ 10 份
黏合剂	1 ~ 1.5 份
稀土添加剂	1 ~ 6 份
矿渣棉	1 ~ 5 份
石膏粉	5 ~ 15 份
岩棉	0 ~ 1 份
水	补足 100 份

制备方法:经选料、除杂、粉碎后将各原料一次性同时投入搅拌池混合搅拌,待成为均匀浆料后,均匀涂于设备表面或将其压制成各种规格的卷材、型材、黏合或包缠于设备表面。

产品特点:该材料保温性能好,黏结力强,无毒无污染,广泛适用于各行各业的保温工程。

实例346. 复合型隔热保温材料

原料	配料比(质量份)
膨胀珍珠岩颗粒(或岩棉颗粒,或 蛭石颗粒)	60～95 份
聚苯乙烯颗粒(PS)[或聚丙烯颗 粒(PP)]	5～40 份

制备方法:取膨胀珍珠岩颗粒和聚苯乙烯颗粒进行充分混合,混匀后,放置在封闭的成型模腔中,之后加热至70～150℃,使聚苯乙烯颗粒充分发泡,渐变成发泡聚苯乙烯(EPS),并且使熔融膨胀后的发泡聚苯乙烯均匀地填充、镶嵌、黏结在膨胀珍珠岩颗粒的间隙中,包覆黏结膨胀珍珠岩颗粒而形成一个复合的成型整体。

产品特点:本品是一种重量轻、热阻大、耐高温、造价低、寿命长的复合型个人保温材料。

实例347. 防水性隔热保温材料

原料	配料比(质量份)
A 组分:	
经过憎水处理的填料	30～50 份
聚烯烃类、丙烯酸系列、聚氨酯系列、	40～60 份
环氧系列中的任意1～4 种高分子	5～10 份
胶凝材料助剂	
B 组分:	
水泥	35～85 份
发泡聚苯乙烯、发泡聚氨酯、聚烯烃 系列中的任意颗粒材料	15～65 份

注:所述填料为滑石粉、重质碳酸钙、轻质碳酸钙、硅灰石粉和粉煤灰中的任意一至五种的混合物;所述填料憎水处理是指用有机硅系列、酞酸酯系列、脂肪酸及其盐类中的任意一种至四种活化剂包裹在填料颗粒的表面;所述A组分中助剂为纤维,所述纤维是聚酯纤维、玻璃纤维、天然纤维中的任意一种至三种。

制备方法:将经过憎水处理的填料与聚乙烯醇缩甲醛和丙烯酸树

脂及助剂混合成膏状,即成 A 组分。

使用方法:使用时,将 A、B 组分按(45～70)∶(20～50)(质量比)混合,添加适量水搅匀即可。

产品特点:本品具有优异的隔热保温性能,良好的防水防潮功能以及足够的力学特征,适用于建筑围护结构外侧或内侧的防水性隔热保温。

实例 348. 复合不燃墙体隔热保温材料

原料	配料比(质量份)
白水泥	280 份
碳酸钙	260 份
硅微粉	260 份
PP 纤维	2 份
甲基纤维素	1 份
木质纤维	4 份
硅酸铝纤维	43 份
玻化微珠	150 份

制备方法:按照所述保温原料与水以 1.5∶1(质量比)的比例,加入搅拌机搅拌 3～5min 即可。

产品特点:本品以导热系数低、透气性强、使用方便、外表美观、造价低廉、使用寿命长、节能效果显著为特点,直接用于各类基层墙体,不需要加设网格布、抗裂砂浆等材料,直接做涂料饰面或面砖饰面,起保温隔热节能和装饰作用的构造系统。

实例 349. 新型防火隔热保温材料

原料	配料比(质量份)
水泥	125～145 份
轻质碳酸钙	9～11 份
粉煤灰	13～17 份
木质纤维	0.8～1.2 份
聚丙烯纤维	0.1～0.5 份

| 保水剂 | 1～3 份 |
| 深加工的火山岩 | 0.8～1.2 m³ |

制备方法:采用原材料检验分类,以粉煤灰、轻质碳酸钙、水泥、深加工的火山岩用电子计量,螺旋输送机输送;以木质纤维、聚丙烯纤维、保水剂用人工计量后,提升机提升用无重力双轴桨叶混合机,两者按比例混合,输送自动定量包装秤,封口即成。

产品特点:本品解决了传统保温隔热材料防火保温性能差,成本高的问题,具有优良的保温隔热性能、抗老化耐候性及防火性能的优点,适应于各种建筑内外墙保温及各种工业设备的保温。

实例350. 墙面隔热保温材料

原料	配料比(质量份)
基料	45～60 份
膨胀珍珠岩	15～25 份
硅酸盐水泥	8～15 份
聚乙烯醇胶水	10～20 份
羧甲基纤维素	0.8～1.5 份
钠基膨润土	1.5～2.5 份
聚丙烯纤维	0.1～0.2 份

注:所述基料为外表包裹有一层硬脂酸的轻质碳酸钙散状粉粒。

制备方法:将各组分依照配料比按该类产品常规生产方法制备。

产品特点:该材料密度小,导热系数低,憎水性强,抗压、抗收缩等力学性能高,受环境气候和墙体变形影响小,能有效地阻止室内外热交换,适于各种建筑围护结构内外侧及工业管道的隔热保温。

实例351. 复合隔热保温材料的黏结剂

原料	配料比(质量份)
水	30～50 份
极性水基乳液	20～50 份
功能性填料	3～20 份
保水增稠剂	2～5.0 份

防缩流平剂	1~7 份
分散剂	1~2.5 份
渗透剂	0.8~2.0 份
消泡剂	1~3.0 份
防霉杀菌剂	0.1~1.0 份

制备方法:将各组分依照配料比按该类产品常规生产方法制备。

产品特点:本品解决了有机—无机材料间、有机材料—金属间的有效粘接问题,同时具有黏性强、耐水、耐老化、耐高温的特点。

实例352. 石墨基耐温隔热保温材料

原料	配料比(质量份)
石墨粉	15~30 份
海泡石	18~28 份
无机发泡剂	8~15 份
无机胶黏剂	5~20 份
优质水泥	6.4~32 份
其他助剂	补足100 份

制备方法:将原料经搅拌混合、成型、固化即得。石墨基耐温隔热保温材料的生产工艺,其一是将原料搅拌混合、成型后,采用自然风干或用干燥箱干燥固化的工艺;其二是将原料搅拌混合、成型后,采用烧结固化的工艺。

产品特点:本品原料易得、价格低廉,生产工艺简单、操作方便,产品耐高温隔热性能好、质量轻、力学强度大、导热系数低,可广泛应用于建筑、石油化工、冶金等领域。

（五）防水材料

实例 353. 弹性水泥防水材料

原料	配料比（质量份）
有机组分：	
交联型聚丙烯酸乳液	70~100 份
乙烯—醋酸乙烯酯共聚乳液	1~30 份
聚乙烯醇类乳液稳定改性剂	5~10 份
乙二醇	1~5 份
邻苯二甲酸类增塑剂	1~5 份
有机硅消泡剂	0.1~5 份
无机组分：	
白水泥	70~100 份
无机填料	20~40 份

制备方法：将各组分依照配料比按该类产品常规生产方法制备。

产品特点：本品包括有机组分和无机组分，其具有优良的防水性能，弹性好，在低温下柔韧性好，可防止面层龟裂，制造工艺简便，原料易得。

实例 354. 抗渗漏的防水材料

原料	配料比（质量份）
β-萘磺酸钠甲醛高缩聚物	50~60 份
硫酸钠	10~20 份
高膨胀水泥	25~35 份

制备方法：将各组分依照配料比按该类产品常规生产方法制备。

产品特点：本品能与基材水泥紧密结合，将其毛细孔填实，使楼面（或屋面）不能渗漏水，达到治本目的，而且价格低廉，使用方便。

实例 355. 新型粉状透气防水材料

原料	配料比(质量份)
水泥	35 ~ 45 份
石英砂	25.5 ~ 52.7 份
膨胀剂	5 ~ 10 份
有机硅	0.5 ~ 1 份
甲酸钙	1 ~ 3 份
膨润土	1 ~ 4 份
羟丙甲基纤维素	0.3 ~ 0.5 份
再分散粉末	2 ~ 4 份
硅粉	2 ~ 6 份
聚丙烯单丝纤维	0.5 ~ 1 份

制备方法:将各组分依照配料比按该类产品常规生产方法制备。

产品特点:本品防水性能好,刚柔结合,稳定可靠,基层黏结牢固,表面强度高,透气性能优异,施工性好,无搭接缝,不开裂,寿命长,适用于各种建筑物的防水。

实例 356. 建筑隔热保温防水材料

原料	配料比(质量份)
隔热防水基料	55 ~ 80 份
聚苯乙烯颗粒	2 ~ 5 份
改性聚丙烯纤维	0.2 ~ 0.6 份
苯丙乳液	1 ~ 3 份
可再生性聚醋酸乙烯乳胶粉	0.1 ~ 0.4 份
硅酸盐水泥	15 ~ 40 份

注:其中每份隔热防水基料含:聚乙烯醇胶 13 ~ 30 份,丙烯酸乳液 13 ~ 30 份,苯丙乳液 5 ~ 20 份,活性轻质碳酸钙 30 ~ 60 份。

制备方法:将各组分依照配料比按该类产品常规生产方法制备。

产品特点:本品具有优异的隔热保温性能,很好的防水防潮功能以及良好的力学特性,应用于建筑物后基本不会因为时间的延长、气候的变化而导致性能下降。

（六）防水剂

实例357. 无机浸透式防水剂（1）

原料	配料比（质量份）
水泥	30～45 份
硅粉	15～25 份
璃璃粉	10～20 份
减水剂	3～7 份
膨胀剂	15～25 份

制备方法：将各组分依照配料比按该类产品常规生产方法制备。

产品特点：本品不仅适用涂于混凝土表面，而且适用砂浆墙体表面、砖石结构物表面以及地下工程、隧道工程等的防水、防渗、防潮、堵漏等。本品无毒、无味、无污染，因此可直接用于饮用水设施，采用无机浸透式防水剂可在潮湿的混凝土表面直接施工，硬化快，施工工期短，施工安全。还具有防水效果好、耐老化、使用寿命长、成本低等优点。另外，由于采用电厂废弃物粉煤灰，有益于环境综合治理。

实例358. 无机浸透式防水剂（2）

原料	配料比（质量份）
水泥	75～90 份
硅粉（或玻璃粉）	10～25 份
表面活性剂	2～10 份
膨胀剂	3～5 份
粉煤灰	10～20 份

制备方法：将各组分依照配料比按该类产品常规生产方法制备。

产品特点：本品不仅适用于涂在混凝土墙体表面上，而且适用于涂在砂浆墙体表面、砖石结构物表面以及地下工程、隧道工程等的防水、防渗、防潮、堵漏等。本产品无毒无味、防水效果好、耐老化、成本低、使用寿命长。

实例359. 建筑防水剂

原料	配料比（质量份）
丙烯酸乳液	40～70 份
聚乙烯醇胺	1～5 份
黏土	5～10 份
硬脂酸钙	5～10 份
硬脂酸铵	2～7 份
硬脂酸铝	1～5 份
氟化钙	3～5 份
二甲基硅油	1～5 份
乙烯基三甲氧基硅烷	1～2 份
甲基丙烯磺酸钠	1～2 份
去离子水	6～20 份

制备方法：将丙烯酸乳液、聚乙烯醇胺、黏土、硬脂酸钙、硬脂酸铵、硬脂酸铝、氟化钙和甲基丙烯磺酸钠混合均匀并加热至30～50℃，然后将二甲基硅油、乙烯基三甲基氧基硅烷和去离子水搅拌后缓慢投入上述混合物中即可。

产品特点：本品原料低廉、制备方法简便，且防水效果明显。

实例360. 水性防水剂

原料	配料比（质量份）
氧化沥青	15～25 份
澄清油	10～25 份
膨润土	8～15 份
滑石粉	0～3 份
水（40～60℃）	10～60 份
十二烷基硫酸钠	0.02～0.05 份
聚甲基丙烯酸钠	0～0.2 份

制备方法：将水与膨润土加滑石粉调成糊状，在不断搅拌的情况下，依次分批加入水、十二烷基硫酸钠、聚甲基丙烯酸钠盐，然后分数批加入已混合好的氧化沥青和澄清油混合物，维持在40～90℃，

反应 3～5h,待产品呈黑褐色分散微颗粒物,即为成品。

产品特点:本品适用于屋面防水和地下建筑物的防水,也可作黏结剂、防锈剂,堵漏胶。

实例361. 新型高效防水剂

原料	配料比(质量份)
主料:	
含动物脂肪酸	35～40 份
烧碱	10～15 份
松香	3～5 份
水	35～40 份
辅料:	
丙烯酸树脂、金属皂和有机硅树脂	1～2 份

制备方法:将各组分依照配料比按该类产品常规生产方法制备。

产品特点:本品拌和在砂浆及混凝土中,憎水性强,防水、防潮性达100%。本品耐老化,寿命长,使用寿命达20年以上;无毒害,不污染环境。

(七)燃油添加剂

实例362. 燃油添加剂(1)

原料	配料比(质量份)
聚异丁烯二酰亚胺	10～20 份
稀土金属盐	5～10 份
全氟辛基磺酰氟	3～10 份
乳酸酯	4～8 份
溶剂油	52～70 份

制备方法:将各组分依照配料比按该类产品常规生产方法制备。

产品特点:本品加于燃油中,能发挥清除积炭的作用,降低燃油分子的碳氢键的活化能和燃油分子与空气界面的表面张力,使燃油充分雾化燃烧,从而极大地减少一氧化碳、氮氧化合物以及黑烟的排放,显著地节省了燃油。试验证明：添加于车用柴油中节油 12% ~ 18%；添加于柴油发电机组用于发电可节油 13% ~ 25%；添加于重油中节油 12% ~ 18%；添加于汽油中节油 8% ~ 12%。

实例363. 燃油添加剂（2）

原料	配料比（质量份）
二茂铁及其衍生物	0.02 ~ 2 份
叔戊基甲基醚	0 ~ 10 份
甲基叔丁基醚	0 ~ 10 份
有机锰	0 ~ 0.05 份
叔丁醇	0 ~ 10 份
烷基苯	0 ~ 10 份
汽油（柴油或石蜡）	补足 100 份

注：二茂铁及其衍生物可以选用乙酰基二茂铁、二乙酰基二茂铁或环烷酸铁等。

制备方法：在常温下将二茂铁及其衍生物、有机锰溶解在烷基苯、叔戊基甲基醚、甲基叔丁基醚、叔丁醇和汽油（或柴油）中，在常温下混合、搅拌，直至二茂铁及其衍生物全部溶解，然后装入 250mL 的瓶中供使用。制备固体燃油添加剂是在 40 ~ 100℃ 下将二茂铁及其衍生物、有机锰和石蜡混合加热至 40 ~ 100℃，全部熔融后，再热过滤，去掉残渣，将熔融液体注入模具，冷却后呈块状供使用，每块重 10 ~ 15g。

使用方法：使用时，液体按 2%（体积分数）添加，固体每 10L 燃油加入 10 ~ 30g。

产品特点：使用添加剂后改善了车辆性能，节油，净化尾气，减少污染等。

实例364. 燃油添加剂（3）

原料	配料比（质量份）
酞菁钴	5 ~ 10 份
二氯乙烷	5 ~ 10 份
辛酸钾（或油酸钾或环烷酸钾）	5 ~ 10 份

辛酸锂(或油酸锂或环烷酸锂)	10~20 份
辛酸的乙酰二胺(或油酸或环烷酸的乙酰二胺)	10~20 份
混合丁醇	5~10 份
二甲苯	20~60 份

制备方法:向混合丁醇中依次加入辛酸钾和辛酸锂,搅拌,使其溶解;将二甲苯和二氯乙烷制成混合溶液 A,然后将辛酸的乙酰二胺和酞菁钴加入混合溶液中,搅拌至完全溶解,制成透明溶液 B;混合溶液 A 和 B 混合;最后,对本产品进行检验,检验合格后包装,即得本品。

以7‰(体积分数,下同)、6‰、5‰分别加入 RON 为 88# 汽油中配制成三种规格的无铅汽油,经检测,所检项目符合 GB 17930—2013 质量指标要求。它以5‰加入 RON 为 88# 汽油配制成无铅汽油。

产品特点:本品可添加到燃油中用于燃油发动机。本品用于燃油发动机,具有外特性功率增加、有效燃油消耗率下降、CO 排放量低等优点。

实例 365. 燃油添加剂(4)

原料	配料比(质量份)
环烷酸钙	12.9~25.8 份
环烷酸钴	3.24~6.48 份
苯胺	0.128~0.256 份
四氢化萘	0.119~0.238 份
稳定剂	0.0012~0.0024 份
溶剂	45~90 份

制备方法:将各组分依照配料比按该类产品常规生产方法制备。

产品特点:本品组分简单合理,原料成本低廉,将本产品加入燃油后,能够使内燃机着火延迟期时间缩短,速燃期时间延长,80% 以上的油燃烧做功,增加了内燃机的有功功率,降低了烟气排放量,车辆易启动,车速、爬坡动能均增加,油箱积炭减少,机器使用寿命延长,是比较理想的节油产品。

实例366. 燃油添加剂(5)

原料	配料比(质量份)
辛烷值调节剂	30~40 份
助燃剂	10~20 份
抗氧、防胶剂	5~10 份
助溶剂	3~5 份
消烟、抗震剂	5~15 份
钝化剂	5~20 份

制备方法:将以上组分依次加入封闭式搅拌器中,搅拌 10~15min 后用金属网过滤,即为成品。

产品特点:本品既能提高燃油的辛烷值及燃烧性能,又能提高油品储存、使用的安定性,防止油品氧化生胶,全方位消除油品可溶性胶质、不溶性沉淀胶质、黏附性胶质及汽化器结炭,减少尾放有害指标,形成独特的协同效应。本产品的特点是制备方法简单易行,其用途广泛,具有灵活性,适于不同型号的汽油、轻质油、石脑油、凝析油、戊烷等,按其性质,可以随意调配为各型号的商用无铅汽油。

实例367. 燃油添加剂(6)

原料	配料比(质量份)
助燃剂	65~70 份
溶剂	25~30 份
平衡剂	4~6 份
增效剂	0.4~0.5 份

注:所述溶剂优选为甲醇或乙醇,所述平衡剂优选为乙醇胺,所述增效剂优选为十六烷值。

制备方法:将助燃剂、溶剂、增效剂和平衡剂混合,在常温下搅拌均匀制成。

产品特点:本品可直接加入柴油、重油等燃料中,本身既是二次燃料,同时又起助燃作用,使柴油燃烧得更加充分,从而达到节约一次性能源的目的。本品的另一优点是,排放的 CO_2 和 SO_2 可减少 40% 左右,有利于环境的综合治理,且成本低。

实例 368. 燃油添加剂(7)

原料	配料比(质量份)
防腐剂	10 份
辛烷值提高剂	10 ~ 20 份
乙二醇	5 ~ 20 份
丙酮	10 ~ 20 份
聚醚胺	3 ~ 5 份
溶剂	补足 100 份

制备方法:将各组分依照配料比按该类产品常规生产方法制备。

产品特点:本品所述的燃油添加剂既能有效保持燃料进气系统清洁,又能明显节省燃料、提高动力性能和减少排气污染物含量。

实例 369. 燃油添加剂(8)

原料	配料比(质量份)
三氧化二铁	4.11 份
三氧化二铝	27.10 份
氧化钙	17.59 份
二氧化钛	0.77 份
氧化镁	1.75 份
氧化钾	0.92 份
氧化钠	0.75 份
氧化铅(或氧化锌或氧化硼)	16.97 份

制备方法:各原料经配料、窑炉烧成。窑炉温度从窑炉进料口到成品出口不断增加,窑炉进料口的温度为100℃左右,窑炉成品出口的温度为500 ~ 600℃。

产品特点:本品能够使燃油充分氧化燃烧,减少一氧化碳气体的产生,有效地提高了燃油燃烧率,可用于各种汽油或柴油发动机如汽车、发电机、船舶等。

实例370. 燃油添加剂(9)

原料	配料比(质量份)
正辛醇	2~3 份
异丙醇	10~13 份
硝基苯	1.5~3.5 份
乌洛托品	1.5~3.5 份
二茂铁	0.3~0.5 份
甲醇	补足100 份

制备方法:将各组分依照配料比按该类产品常规生产方法制备。

产品特点:本品采用液相催化技术,促进燃油的催化、裂化、提高物理活性,使燃烧更加充分、均匀、彻底。本产品具有如下作用:节省燃油,清除排放气体中的碳,减少废气排放,废气排放能满足欧Ⅲ标准。

实例371. 燃油添加剂(10)

原料	配料比(质量份)
碳酸二烷基酯	0.1~99.8 份
双环戊二烯基铁	0~80 份
苯并三氮唑	0~80 份
脂肪醇与环氧乙烷缩合物	0.1~80 份
烷基酚与环氧乙烷缩合物	0.05~50 份

制备方法:将各组分依照配料比按该类产品常规生产方法制备。

产品特点:本品清洁,无毒,添加量少,能即刻提升燃油的质量,促进燃烧效率,明显节省油耗,降低有害尾气、增强发动机动力、保护发动机、延长发动机使用寿命。可广泛应用于各类机动车辆、船用柴油机、内燃机车、工业燃油锅炉等各种标号汽油、柴油、乙醇汽油、生物柴油和重油中。

实例372. 燃油添加剂(11)

原料	配料比(质量份)
表面活性剂	50~65 份
醇类助表面活性剂	15~20 份

抗氧化剂	2~5 份
抗腐蚀剂	2~5 份
去离子水	15~30 份

制备方法:将各组分依照配料比按该类产品常规生产方法制备。

产品特点:本品的燃油添加剂制备工艺简单、操作方便、成本较低且可以产生节约燃油,增加动力,清除沉积物,降低排放等综合效果;加入本产品的汽油复合物稳定性好,适用性强,既适用于加油站也可用于个人用户,综合效果可以节油8%~15%。

实例373. 纳米燃油添加剂(1)

原料	配料比(质量份)
稀土粉体	0.1~10 份
燃油增效剂	1~10 份
分散剂	1~20 份
油酸	1~10 份
蓖麻油	1~20 份
白油	补足100 份

制备方法:将各组分依照配料比按该类产品常规生产方法制备。

产品特点:本品在燃烧过程中对燃烧起到催化助燃功能,其燃烧后的粒子具有抑制设备磨损、改善润滑和自修复的功能,具有抑制三元催化器中毒以及协同铂铑钯等贵金属催化的功能。其特点是彻底解决了纳米粒子在燃油中的分散性,增加了燃料本身的润滑性能。

实例374. 纳米燃油添加剂(2)

原料	配料比(质量份)
乙二醇甲醚	80~100 份
铁氧体纳米微粒磁性液	2~8 份
甘油	10~15 份
异丁醇	2~6 份
二壬基萘磺酸钡	1~5 份

制备方法:将各组分依照配料比按该类产品常规生产方法制备。

产品特点:本品的使用使醇基燃料燃烧充分,热值提高,不仅达到民用炊事的热值使用要求,而且提高了燃料的品级,可以作为车用燃料使用。同时降低了尾气排放,消除了环境污染,提供了洁净能源。

实例375. 纳米燃油添加剂(3)

原料	配料比(质量份)
脂肪酸	25 ~ 35 份
脂肪醚	20 ~ 30 份
乳化剂(斯盘系列)	15 ~ 25 份
水	10 ~ 20 份
一元醇	4 ~ 8 份
脂肪胺(或醇胺)	6 ~ 12 份

制备方法:将各原料加入反应装置内,控制温度在常温、常压下机械搅拌4 ~ 6h,直至出现均匀稳定的混合溶液后,即得成品。

产品特点:本品是广泛适用于汽油、柴油、煤油及其锅炉燃料油(如重油等)等的功能型添加剂,对于使用二冲程或四冲程发动机的车辆均可应用。

实例376. 抑制金属离子腐蚀的功能性燃油添加剂

原料	配料比(质量份)
镁类无机化合物	13.14 ~ 32.97 份
溶剂油	39.02 ~ 70.48 份
有机酸	6.30 ~ 29.70 份
促进剂	3.60 ~ 16.85 份

制备方法:将各组分依照配料比按该类产品常规生产方法制备。

产品特点:本品不但能明显地抑制钒、钠金属离子所引起的腐蚀,还具有清净作用、酸中和作用,能改善燃油的品质,改善着火与燃烬条件,使燃油的燃烧室燃烧效率达到99%以上,提高燃烧效率2% ~ 3%,提高节油效果4% ~ 5%。能有效地抑制燃油中多种有害元素如

V、Na、S 和 N 等在燃烧过程参与氧化反应,明显减少 V、Na 和 SO_2、NO_x 类化合物的生成与排放量,减少对设备的腐蚀,且价格适中,具有较高的性价比。

实例 377. 用于汽油机和柴油机的燃油添加剂

原料	配料比(质量份)
乙醇	60~95 份
六亚甲基四胺	6.5~9.6 份
异戊醇	13~20 份
正辛醇	6.5~8.3 份
硝基苯	14.5~22 份

制备方法:将六亚甲基四胺置于乙醇中,搅拌至全部溶解,再依次加入异戊醇、正辛醇、硝基苯,充分搅拌 1.5~2.5h 即可。

产品特点:本品具有工艺简单和使用效果好等优点,广泛适合于汽油机车和柴油机车的燃油使用。解决了燃油降低一氧化碳和碳氢化合物的排放、清除积碳等问题,使尾气排放完全符合国家标准。

实例 378. 具有助燃、节油、净化功效的燃油添加剂

原料	配料比(质量份)
乙二醇丁醚	14~26 份
脂肪酸酯	2~14 份
二氯乙烷	15~30 份
丁醇	25~35 份
环烷酸钴	1~3 份
羧乙基锗倍半氧化物	0.5~5 份
脂肪酰胺	1~18 份

制备方法:将各组分依照配料比按该类产品常规生产方法制备。

产品特点:本品具有助燃、节油、净化效果明显,发动机最大功率和最大扭矩都有明显增加的优点。尤其是在油路和汽化器工作时就能不间断地对其自动进行清洗净化,可大大减少尾气中的污染物。

实例 379. 物理共振燃煤、燃油添加剂

原料	配料比(质量份)
氢氧原子母液	80 份
煤用催化剂	5 份
煤用清洁剂	3 份
煤用增燃剂	6 份
煤用润滑剂	3 份
氢氧化钠	1.5 份
高锰酸钾	1.5 份

制备方法:在 15~18℃下,按上述原料排列顺序每隔 1.5min 依次注入容器内,搅拌均匀即得成品。

产品特点:与现有技术相比,本品原料简单易得,成本低廉,利用共振传递特性提高燃料的燃烧性能,节约了燃料,无毒、无害,对所使用的锅炉起到保护作用。

实例 380. 纳米镍燃油添加剂

原料	配料比(质量份)
金属镍纳米粉末	0.3~0.8 份
甲基叔丁醚	5~10 份
异戊醇	10~15 份
正辛醇	5~10 份
甲醇	53.2~72.7 份
火箭推进剂(偏二甲肼)	5~8 份
金属氧化物(NiO 或金属无机盐)	2~3 份

制备方法:将金属镍纳米粉末与甲基叔丁醚混合,超声振荡使之混合均匀后,加入异戊醇、正辛醇、甲醇、火箭推进剂偏二甲肼、NiO,超声振荡混合均匀,即得成品。

产品特点:本品可用于汽油、柴油、混合燃油、重油、生物油等各种燃油,广泛用于汽车、重型车辆、火车、轮船及锅炉等。本品具有很好的催化、裂化效果,可以使燃油充分、均匀燃烧,从而提高单位燃油热值,达到最佳燃烧效果,并能降低污染排放,清除发动机内部积碳,提

高动力,降低噪声,达到节能减排的效果。

实例381. 有机复合燃油添加剂

原料	配料比(质量份)
蓖麻籽生物脂肪酶	10～30 份
甘油三酯	30～140 份
二甲基甲酰胺	300～900 份
乙酸丁酯	600～1000 份
软脂醇	50～200 份
二茂铁	30～200 份

制备方法:将蓖麻籽生物脂肪酶、甘油三酯、乙酸丁酯加入反应釜中,搅拌,加入二茂铁,搅拌,再加入二甲基甲酰胺,搅拌,待基本融合后,最后加入软脂醇并搅拌,取充分融合的混合体,经检测后即得成品。

产品特点:通过对本产品的有机复合燃油添加剂及其制备方法的使用,能降低油耗 16.3%～22.4%,清除积碳 95% 以上,降低 CO、NO_x、其他废气排放 40%～60% 以上,弥补了燃油自身存在的质量问题和机车发动机制造极限存在的不足,具有改善柴油和汽油燃烧效率,清碳除污和节油减排的功效。

实例382. 多功能速效燃油添加剂

原料	配料比(质量份)
多元稀释剂	30～40 份
催化剂	10～20 份
有机醚	5～10 份
环戊二烯三羰基锰	3～5 份
消烟、抗震剂	5～15 份
乙二醇乙醚醋酸酯	5～20 份

制备方法:以上组分依次加入封闭式搅拌器中,搅拌 10～15min 后用金属网过滤,即得成品。

产品特点:本品既能提高燃油的辛烷值及燃烧性能,又能提高油品储存、使用的安全性,防止油品氧化生胶,全方位消除油品可溶性胶质、不溶性沉淀胶质、黏附性胶质及汽化器结炭,减少尾放有害指标,形成独特的协同效应。其用途广泛,具有灵活性,适于不同型号的汽油和柴油,按其性质,可以随意调配商用无铅汽油和柴油。

(八)润滑脂、润滑油、添加剂

实例383. 混合纳米润滑脂添加剂

原料	配料比(质量份)
Al_2O_3 粉末(粒度为 20～60nm)	50～80 份
Cu 粉末(粒度为 20～60nm)	5～15 份
Al 粉末(粒度为 20～60nm)	15～35 份

制备方法:按比例称取纳米 Al_2O_3 粉末、Cu 粉末、Al 粉末并混合;将获得的混合纳米粉末加入基础润滑脂中;将上述获得的加入混合纳米粉末的润滑脂在搅拌机中进行挤压搅拌 2～3h,达到混合均匀后,再到超声波粒度分散仪中进行超声波分散 30～50min,使其均匀地分散于基础润滑脂中,即得成品。

产品特点:将所获得的添加剂添加到基础润滑脂中不仅能提高基础润滑脂本身的抗极压、抗磨减摩性能,而且能作用在摩擦副表面,改善摩擦副表面的粗糙度、修复表面的磨痕,从而减少摩擦副的磨损量,有效保证摩擦副的精度,延长摩擦副的使用寿命。实验数据显示与未添加本产品所述添加剂的润滑脂相比,添加本产品的润滑脂的摩擦系数降低42%～79%,抗极压性能增加36.8%～47.4%。

实例384. 聚脲基润滑脂添加剂组合物

原料	配料比(质量份)
基础油	71～91.5 份
稠化剂	6～12 份
抗氧剂	0.5～3 份
极压剂	0.5～5 份

防锈剂	0.5~3 份
抗磨剂	0.5~3 份
增黏剂	0.5~3 份
急冷油	13~25 份

注:基础油为矿物油、合成油或两者的调和油,稠化剂由异氰酸酯、脂肪胺、脂环胺的共同反应物组成,抗氧剂为胺类抗氧剂,极压剂为硫化异丁烯、二烷基二硫代磷酸盐、二烷基二硫代氨基甲酸盐的混合物,抗磨剂为硫代磷酸三苯酯、硫代磷酸酯或两者混合物,增黏剂为聚异丁烯、聚甲基丙烯酸甲酯或两者的混合物。

制备方法:

(1)将稠化剂和基础油加入反应釜中,混合加热至 60~100℃,进行复合反应,反应时间为 1~2h。

(2)将步骤(1)所得物料继续升温至 170~195℃,恒温 0.5~1.5h;然后加入急冷油搅拌均匀后进行后处理即得所需产物。

(3)当步骤(2)所得物料温度降至 120℃ 以下,依次加入抗氧剂、增黏剂、极压剂、抗磨剂、防锈剂进行后处理即得成品。

产品特点:由于选用了合适的原料配比,使本品具有良好的高温性能,滴点大于 260℃,具有良好的抗水性、高低温性和极压抗磨性能。可用于连铸机各关键运转部件的润滑。

实例 385. 抗磨减摩型润滑油添加剂

原料	配料比(质量份)
铝、钛、三氧化二铝和二氧化钛颗粒	1~5 份
(粒径为 10~200nm)	
基础油(或成品润滑油)	93~98 份
分散添加剂	1~2 份

注:铝、钛、三氧化二铝和二氧化钛颗粒的质量比为(3.5~4.5):(3.5~4.5):(0.5~1.5):(0.5~1.5);分散剂为 T154、T202 或 T101 中的一种。

制备方法:将铝、钛、三氧化二铝和二氧化钛颗粒放入同一容器中,加入基础油或成品润滑油以及分散添加剂进行机械搅拌混合 20~

40min,将混合物连同容器放入超声波振荡器中,进行超声波振荡 20 ~ 40min 即得成品。

产品特点:本品具有抗磨减摩效果好,对所施加的润滑油无不良影响,制备工艺方法简单,成本低及对环境无污染的特点。

实例386. 润滑油添加剂组合物

原料	配料比(质量份)
含钠的金属清净剂	1 ~ 30 份
含钙或镁的金属清净剂	3 ~ 50 份
无灰分散剂	3 ~ 70 份
抗氧抗腐剂	3 ~ 50 份
稀释油	0 ~ 20 份

制备方法:将各组分依照配料比按该类产品常规生产方法制备。

产品特点:本品含有特效组分钠盐,对于乙醇燃料燃烧过程中产生的酸性物质有更强的中和作用,因此特别适以汽油和乙醇混合物作为燃料的汽车发动机使用。

(九) 润滑油

实例387. 与 1,1,1 – 三氟 – 2 – 氟乙烷相匹配的环保润滑油

原料	配料比(质量份)
癸二酸二(2 – 乙基己基)酯(或白油)	68 ~ 97 份
2,6 – 二叔丁基对甲酚	0.1 ~ 3 份
α – 烯烃三聚体	0 ~ 30 份
苯并三氮唑	0.2 ~ 2 份
828 环氧树脂(或 618 环氧树脂)	0.1 ~ 3 份
亚磷酸三苯酯(或磷酸三丁酯或磷酸三甲苯酯)	0.5 ~ 3 份

制备方法:将癸二酸二(2 – 乙基己基)酯或白油加入 3L、带搅拌机和蒸汽加热套的反应釜内,用蒸汽加热到 70 ~ 80℃,用搅拌机搅

拌;随后加入 2,6 - 二叔丁基对甲酚,用蒸汽加热到 70 ~ 80℃,用搅拌机搅拌 10min。接着加入 α - 烯烃三聚体,在此温度下搅拌 20min,使其均匀混合。最后加入苯并三氮唑、828 环氧树脂或 618 环氧树脂、亚磷酸三苯酯或磷酸三丁酯或磷酸三甲苯酯,在 70 ~ 80℃下搅拌 30min,使其均匀混合。经过净油机过滤脱水,在玻璃片上涂层,无固体粒状物,送检验室检验。按 GB/T 16630—2012 检验,合格后包装入库。

产品特点:它具有化学稳定性好、润滑性能好、摩擦力低、使用寿命长、防镀铜性能好、酸值低、生产成本低等优点,油品性能达到或超过 GB/T 16630—2012 标准。可广泛使用在汽车空调、电冷箱产品中与 1,1,1 - 三氟 -2 - 氟乙烷相匹配用作润滑油。

实例 388. 长寿命汽轮机润滑油组合物

原料	配料比(质量份)
基础油	90 ~ 99 份
屏蔽酚型抗氧剂	0.1 ~ 3 份
过氧化物分解剂	0.1 ~ 3 份
金属钝化剂	0.1 ~ 3 份
中性防锈剂	0.1 ~ 3 份

注:基础油为硫含量 0.3%(质量分数)以上,饱和烃含量低于 90% 为特征的基础油。

制备方法:将各添加剂分别加入基础油中或将添加剂混合制成浓缩物再加入基础油中加热混合,混合温度在 40 ~ 90℃,混合时间在 1 ~ 6h。

产品特点:本品不仅具有突出的抗氧化性能,还具有优良的防锈性能,氧化寿命最高达到 9000h 以上。

实例 389. 开式齿轮油组合物

原料	配料比(质量份)
增黏剂	10 ~ 70 份
极压抗磨剂	0.1 ~ 5 份

抗乳化剂　　　　　　　　　　　0.005~0.5 份

矿物油型和/或合成型基础油　　　补足 100 份

制备方法:将各组分在 45℃下调和 3h 后,进行黏度、黏度指数、抗泡性能、抗乳化性能等项目的分析检测,合格即得成品。

产品特点:本品改善了原有沥青型开式齿轮油黏温性能差,溶剂稀释型开式齿轮油在高温部位造成的安全问题,以及沥青型产品对设备操作现场造成的污染等问题;同时满足了齿轮箱多种润滑方式的润滑要求,可灵活应用于飞溅、滴加、浸润和喷雾润滑等多种润滑方式的要求;油溶型摩擦改进剂的加入解决了开式齿轮油中原有固体添加剂在油中分散不均匀,从而造成油品性能不均匀等不良现象,同时还改善了油品的稳定性和储藏性能。

实例 390. 复合齿轮油添加剂

原料	配料比(质量份)
改性石墨	10~20 份
硼酸盐	10~20 份
分散剂	10~20 份
稳定剂	5~15 份
基础油	补足 100 份

制备方法:将各组分依照配料比按该类产品常规生产方法制备。

产品特点:本品成本低,在使用时只需较小的加入量,各种机械设备的齿轮箱的运转即可达到节能、环保、减摩增效、延长设备使用周期的作用。

实例 391. 重型汽车及工程机械齿轮油增效剂

原料	配料比(质量份)
机械摩擦液改进剂	5~30 份
表面活性剂	1~6 份
齿轮极压抗磨剂	5~40 份
防沉流挂稳定剂	5~10 份
抗氧抗腐剂	9~84 份

制备方法:将各组分依照配料比按该类产品常规生产方法制备。

产品特点:使用时,只需将极少量本产品加入重型汽车和工程机械专用齿轮油中,就可以达到以下效果,除保持原用齿轮油的基本使用性能外,还可以节约用油,抗磨减摩,延长齿轮的使用寿命,提高机械效率。

(十) 水基润滑剂

实例392. 用于高速灌装线水基润滑剂

原料	配料比(质量份)
脂肪醇聚氧乙烯醚	2~10 份
脂肪胺聚氧乙烯醚	2~10 份
脂肪基酰胺聚氧乙烯醚	2~10 份
脂肪烃基咪唑啉	2~10 份
脂肪酸	1~8 份
水	补足100 份

制备方法:将各组分依照配料比按该类产品常规生产方法制备。

产品特点:采用非离子表面活性剂为主体,耐硬水性强,不会产生皂垢;具有良好的润滑性,在高速灌装线上不会倒瓶;具有一定的杀菌能力,较好的清洁能力及防锈性。

实例393. 钻井液用的水基润滑剂

原料	配料比(质量份)
水	100~300 份
乳化剂	10~30 份
蓖麻油	50~300 份
白油	50~400 份
油酸皂	50~600 份
消泡剂	50~200 份

制备方法:将各组分依照配料比按该类产品常规生产方法制备。

产品特点:本品具有其他润滑剂数倍的润滑效率,而且克服了单一油脂润滑剂的诸多缺点。本产品用的水基润滑剂其水溶性的特点克服了油性润滑剂的有荧光、分散不均匀、不稳定等缺点。

实例 394. 高性能高水基润滑剂

原料	配料比(质量份)
纳米金刚石粒子	0.05 ~ 0.3 份
水溶性磷酸酯	0.5 份
胺	2 份
添加量	0.1 ~ 5 份
水	补足 100 份

制备方法:将各组分依照配料比按该类产品常规生产方法制备。

产品特点:由于纳米金刚石粒子粒径小、活性高,可望在摩擦微区填充、吸附、阻止摩擦副表面的直接接触,减少过度摩擦,提高承载能力;而水溶性磷酸酯在摩擦条件下通过与基体(如铁)生成磷酸铁等无机润滑膜起到减摩、抗磨的作用,因此,具有承载性高、减摩性好的优点,能解决高水基润滑剂润滑性差的问题,可用作金属切削、磨削等的加工液。

实例 395. 镀黄铜钢丝拉拔加工用的水基润滑剂

原料	配料比(质量份)
油性剂	10 ~ 25 份
含磷极压剂	3 ~ 10 份
矿物油	3 ~ 8 份
助乳化剂	3 ~ 6 份
防锈剂	1 ~ 5 份
防霉剂	1 ~ 3 份
消泡剂	0.1 ~ 0.3 份
水	补足 100 份

注:所述油性剂为聚酰胺—环氧乙烷—环氧丙烷共聚物,其通式为其中,R、R′是碳原子数为 11 ~ 21 的直链烷基或含一个双键的直链

烯基,其相对分子质量为 800~1500,熔点为 100~150℃。

制备方法:将油性剂与含磷极压剂、矿物油、助乳化剂升温至90~120℃,在不断搅拌下加入 90~100℃ 的水,然后冷却到 40℃ 以下,再加入防霉剂、防锈剂、消泡剂,搅拌均匀即得成品。

产品特点:本品润滑性能优良,防腐防锈性好,用于镀黄铜钢丝的拉拔加工,拉拔速度快,表面残留量少。

实例396. 油井防偏磨用水基润滑剂

原料	配料比(质量份)
聚氧乙烯丙三醇硼酸酯硬脂酸酯	3.5~5.0 份
脂肪酸咪唑啉硼酸酯	3~5.5 份
两性表面活性剂 SS – Z	4.5~7.0 份
氟碳表面活性剂 FN – 2	0.005~0.01 份
维生素 C	0.1~0.25 份
聚氧乙烯烷基苯酚醚磺酸钠	11.5~14.5 份
水	补足 100 份

制备方法:

(1)将聚氧乙烯丙三醇硼酸酯硬脂酸酯、脂肪酸咪唑啉硼酸酯、两性表面活性剂 SS – Z 按比例加入搪瓷反应釜;缓慢升温到 55~60℃。

(2)在不断搅拌情况下,先加入 5% 的水量,继续搅拌 30min;再依次按比例加入维生素 C、氟碳表面活性剂 FN – 2,边加边搅拌。

(3)向步骤(2)所得物料中加入聚氧乙烯烷基苯酚醚磺酸钠,搅拌 30min;再加入剩余的水并搅拌 30min,停止加热;边冷却边搅拌,冷却至常温,即得成品。

产品特点:在油井的油套环空加入的防偏磨用水基润滑剂加量为 0.025~0.05 份,油井产液质量为 100%,油井热洗周期延长 2 倍以上,油井的检泵周期延长 1 倍以上。

实例397. 热挤压用水基润滑剂

原料	配料比(质量份)
锻造石墨乳	5~10 份

MoS₂	2.5 ~ 20 份
水	补足 100 份

注:所述水基润滑剂中石墨与 MoS₂ 的质量比为 4:(1~10)。

制备方法:将锻造石墨乳用水稀释;然后向稀释后的锻造石墨乳中加入 MoS₂ 微粉并分散均匀,即得成品。

使用方法:将水基润滑剂均匀喷涂于挤压工模具表面,待水基润滑剂中的水分蒸发后其中的固体组分在挤压工模具表面形成一层厚度为 100~500μm、致密连续的混合固体润滑剂膜。

产品特点:本品工艺过程简单易行、可控。本品的热挤压用水基润滑剂可完全替代现用的油基润滑剂,消除了油烟污染,经济效益和环境效益显著。

实例398. 钻井液用水基润滑剂

原料	配料比(质量份)
蒸馏水	7 ~ 80 份
多元醇	0 ~ 72 份
植物油脂	6 ~ 64 份
乳化剂	1 ~ 19 份

制备方法:将乙二醇和蒸馏水搅拌溶解;将乳化剂和植物油脂在另一个 200mL 的烧杯中搅拌溶解;在开启乳化剪切机且在 10000~15000r/min 的转速条件下,将以上两种原料液混合,然后继续剪切乳化 5min,即得成品。

产品特点:本品是可生物降解的环境友好型水基润滑剂,其在应用于水基钻井液时,能显著降低钻具磨阻、扭矩,改善钻井液的润滑性。

实例399. 含磷硼酸酯水基润滑剂

原料	配料比(质量份)
原料 A	70 ~ 85 份
硼酸	2.5 ~ 4 份
丙三醇	2 ~ 6.5 份
五氧化二磷	4 ~ 7 份

纯水　　　　　　　　　　　　　　　3～17 份

注:所述原料 A 为脂肪醇聚氧乙烯醚或 AEO(4～9)中的一种。

制备方法:

(1)将硼酸、原料 A、丙三醇投入反应釜中,在抽真空和不断搅拌的条件下进行反应。

(2)关闭抽真空,反应釜内温度冷却至 50℃ 以下,再向反应釜中缓慢加入五氧化二磷,不断搅拌,控制反应温度在 90℃ 以下,加料完毕后搅拌。

(3)控制温度在 90℃ 以下,向反应釜中加纯水,搅拌。

(4)将反应釜温度降到室温,出料即得成品。

产品特点:本品沸点高,不易挥发,不腐蚀金属,无毒无臭,具有优良的抗磨减摩性能。

实例400. 水基润滑剂

原料	配料比(质量份)
硬脂酸锌酯	20～25 份
植物油	10～12 份
妥尔油	18～20 份
烷基苯磺酸钠	2～4 份
硼酸酯	1～3 份
杀菌剂	2～4 份
pH 调整液	1～10 份

制备方法:先将烷基苯磺酸钠和硬脂酸锌酯混合,于常温下搅拌 2h,再将其余原料加入,常温下搅拌 1h 混匀,即得成品。

产品特点:本品具有良好的清洗、润滑、冷却、防锈的作用,具有优良的极压性,能大大地提高刀具寿命、提高生产效率。

（十一）汽车防冻剂

实例 401. 汽车防冻液（1）

原料	配料比（质量份）
超纯水	29～87 份
乙二醇	10～68 份
辅料	2～3 份

注：所述辅料包括防锈剂、防霉剂、pH 调节剂、抗泡剂。

制备方法：将各组分依照配料比按该类产品常规生产方法制备。

产品特点：汽车防冻液实现自制后，每升可节约成本约 1.7 元。由于需求量相当大，因此节约成本相当可观。技术范围内（−4.1～−68℃）汽车防冻液，可以自行配制任意冰点产品，以满足各类特殊要求。

实例 402. 汽车防冻液（2）

原料	配料比（质量份）
醇类	40～50 份
缓蚀剂	6～10 份
消泡剂	3～5 份
着色剂	0.5～1 份
苯甲酸钠	0.5～1 份
水	补足 100 份

制备方法：将各组分依照配料比按该类产品常规生产方法制备。

产品特点：本品适用于汽车、拖拉机等机动车或者机动设备。本产品的沸点和闪点较高；不易起泡；具有较好的防腐蚀效果，适合广泛使用的汽车防冻液。

实例 403. 汽车防冻液（3）

原料	配料比（质量份）
乙二醇	35～55 份

硅酸盐	5～10 份
硅酸盐稳定剂	0.05～0.1 份
苯并三氮唑	0.1～0.3 份
苯甲酸钠	0.05～0.1 份
着色剂	0.03～0.06 份
水	补足 100 份

制备方法:将各组分依照配料比按该类产品常规生产方法制备。

产品特点:本品具有闪点高,安全性好,对环境负荷小,稳定性能优异,防冻、防腐蚀,不易结垢,是适合广泛使用的新型的汽车防冻液,适合汽车、拖拉机等机动车或者机动设备的发动机等部件使用。

实例404. 汽车防冻液(4)

原料	配料比(质量份)
一缩二乙二醇	5～15 份
三乙醇胺	5～10 份
氯化钙	20～30 份
磷酸钠	0.1～0.5 份
甲基叔丁基醚	1～3 份
甲基硅油	1～10 份
去离子水	20～40 份

制备方法:将各组分依照配料比按该类产品常规生产方法制备。

产品特点:本品黏度高,黏度值为 8～9MPa·s,挂车效果良好,其冰点在 -48℃以下,保证了防冻效果。

实例405. 汽车防冻液(5)

原料	配料比(质量份)
醇类	90～96 份
水	1～5 份
颜料	0～0.5 份
添加剂	3～7 份

制备方法:将各组分依照配料比按该类产品常规生产方法制备。

产品特点:与现有技术相比,本品抗腐蚀性能强,能有效地防止水垢形成,对任何发动机冷却部分的材质都具有优异的保护性能,具有冬天防冻、夏天防沸、全年防水垢防腐蚀等优良性能,有效地保护汽车水冷系统,延长汽车水冷系统的使用寿命,降低成本,同时还具有环保的优点,达到了英国标准 BS6580:1992 的要求。

实例 406. 汽车防冻液(6)

原料	配料比(质量份)
一缩二乙二醇	40 ~ 60 份
钼酸钠	0.03 ~ 0.35 份
磷酸三醇胺	0.2 ~ 0.3 份
甲基叔丁基醚	0.1 ~ 0.3 份
甲基苯丙三氮唑	0.05 ~ 0.10 份
苯丙三氮唑	0.05 ~ 0.5 份
甘氨酸	3 ~ 4.5 份
苯甲酸钠	0.3 ~ 0.5 份
水解聚马来酸酐	0.1 ~ 0.15 份
甲基硅油	0.4 ~ 0.6 份
水	补足 100 份

制备方法:将各组分依照配料比按该类产品常规生产方法制备。

产品特点:本品稳定性能好,不易挥发,不堵塞管道,且防冻、防锈、抗结垢性能优异。

实例 407. 汽车防冻液(7)

原料	配料比(质量份)
乙二醇	60 ~ 70 份
三乙醇胺	0.1 ~ 0.3 份
氢氧化钠	0.1 ~ 0.2 份
硝酸钾	0.1 ~ 0.3 份
硼砂	1 ~ 2 份
甲苯酰三唑	0.1 ~ 0.2 份

　　水　　　　　　　　　　　　　　　　10~100 份

　　制备方法:将各组分依照配料比按该类产品常规生产方法制备。

　　产品特点:本品稳定性好、绿色环保,具有优异的防冻效果,且生产成本低。

实例408. 防冻防锈效果好的汽车防冻液

原料	配料比(质量份)
乙二醇	50~70 份
聚磺化苯乙烯	0.5~1 份
苯甲酸钠	10~15 份
钼酸钠	0.1~1 份
水溶性防锈添加剂	5~10 份
甲基苯胺	3~5 份
磷酸二氢钾	0.1~0.5 份
氢氧化钠	0.5~1 份
蒸馏水	补足 100 份

　　制备方法:将各组分依照配料比按该类产品常规生产方法制备。

　　产品特点:本品成本低,又能防冻、防结冰、防锈、防垢和脱垢的汽车防冻液,三年无须更换防冻液。

实例409. 新型耐腐蚀汽车防冻液

原料	配料比(质量份)
乙二醇	10~20 份
丙三醇	10~20 份
磷酸钠	0.1~0.5 份
苯甲酸钠	10~15 份
甲基苯胺	0.1~0.5 份
邻苯二甲酸酐	0.1~0.5 份
酚醛树脂	5~18 份
硫酸镁	5~10 份
硼砂	1~4 份

制备方法:将各组分依照配料比按该类产品常规生产方法制备。

产品特点:本品稳定性好、绿色环保,具有优异的防冻效果,且生产成本低。

实例410. 稳定性好的汽车防冻液

原料	配料比(质量份)
丙三醇	35~90 份
亚硫酸钠	0.05~1 份
苯甲酸钠	0.4~2.5 份
苯丙三氮唑	0.3~0.9 份
癸二酸	0.5~3.6 份
乙醇	10~15 份
高锰酸钾	0.1~0.5 份
防霉剂	0.01~0.05 份
去离子水	补足 100 份

制备方法:将各组分依照配料比按该类产品常规生产方法制备。

产品特点:本品稳定性好,绿色环保,具有优异的防冻效果,且生产成本低。

实例411. 抗结垢及防冻的汽车防冻液

原料	配料比(质量份)
丙三醇	40~80 份
偏硅酸钠	0.05~1 份
三磷酸钠	0.5~1.5 份
苯丙三氮唑	0.35~0.8 份
阻垢缓蚀剂	0.5~3.6 份
乙醇	20~30 份
氯化钙	0.5~3 份
去离子水	补足 100 份

制备方法:将各组分依照配料比按该类产品常规生产方法制备。

产品特点:本品添加的丙三醇、乙醇及阻垢缓蚀剂等,具有不易结垢的效果,且该防冻液配比简单、成本低廉,具有冰点低、防腐蚀、成本低等优点。

(十二)制动材料

实例412. 高碳半陶瓷制动材料

原料	配料比(质量份)
基体	4~8份
低熔点金属	5~15份
无机黏结剂	15~30份
聚硅氧烷	5~15份
增强纤维	15~35份
填充料	15~30份

制备方法:将各组分依照配料比按该类产品常规生产方法制备。

产品特点:该制动材料摩擦系数随温度变化很小或基本没有变化。此外,该制动材料具有高气孔率,制动过程中不易产生噪声,不伤对偶件,有较好的耐磨性。

实例413. 汽车专用无石棉偏软型半金属制动材料

原料	配料比(质量份)
改性树脂	10.8~13.2份
有机钢质纤维	5.4~6.6份
钢纤维	11.7~14.3份
植物麻纤维	5.4~6.6份
铜纤维	4.5~5.5份
二硫化钼	1.8~2.2份
柔性焦炭	9~11份
鳞片石墨	3.6~4.4份
摩擦粉	4.5~5.5份
氧化铝	0.9~1.1份

炭黑	0.9~1.1 份
硬脂酸锌	0.45~0.55 份
树脂增韧剂	3.15~3.85 份
轻质碳酸钙	4.5 份~5.5 份
硅灰石	9~11 份
硫酸钡	14.4~17.6 份

制备方法:将各组分依照配料比按该类产品常规生产方法制备。

产品特点:本品提高了现有汽车制动衬片的使用性能,延长了使用寿命,给汽车提供了专用无石棉偏软型半金属制动材料,改进了摩擦材料的配方,具有较高的耐磨性和热稳定性。

实例414. 清洁型陶瓷制动材料

原料	配料比(质量份)
酚醛类树脂	3~6 份
硅炔类树脂	5~10 份
紫铜、黄铜粉	15~30 份
无机黏结剂	4~10 份
六方氮化硼	7~12 份
增强纤维	15~25 份
填料	补足 100 份

制备方法:将各组分混合均匀,于170~200℃下压制成型;经后处理,加工至规定尺寸,将制动材料摩擦表面于600~700℃下进行表面烧蚀,即得成品。

产品特点:通过本产品技术方案制备的清洁型陶瓷制动材料,耐高温性能优良,可在800℃下长期使用,摩擦性能极为稳定,并且耐磨性好,尤其在使用中几乎不产生黑色粉尘,可保持汽车轮毂清洁,且制动舒适平稳、无震颤、无制动噪声。

实例415. 刹车制动片用的制动材料

原料	配料比(质量份)
摩擦改进剂	30~40 份

钢性纤维	15～20 份
碳纤维	15～20 份
配合剂	10～15 份
芳香烃树脂	10～15 份

制备方法:将各组分依照配料比按该类产品常规生产方法制备。

产品特点:不论是在低温还是在高温下,本材料摩擦系数很稳定,使用寿命长,其他配件也不容易磨损,刹车制动时不易打滑,成本低廉。

(十三)制动液

实例416. 汽车制动液(1)

原料	配料比(质量份)
多丙二醇丁醚	10～38 份
多丙二醇丁醚硼酸酯	60～86 份
复合型添加剂	2～7 份

制备方法:将各组分依照配料比按该类产品常规生产方法制备。

产品特点:本品具有无毒性,安全可靠性和环保性,优良的物理和化学性能,使其成为成本低,产业化高,更安全、可靠、价格和质量都具有优势的产品。

实例417. 汽车制动液(2)

原料	配料比(质量份)
硼酐	20～36 份
多乙二醇甲醚	45～65 份
二甘醇	4～12 份
润滑剂	3～4 份
抗氧化剂	0.3～0.8 份
防腐剂	0.3～0.8 份

制备方法:将各种成分原料投入反应容器中,在温度120～130℃、

压力为 $2.02 \times 10^5 \sim 3.03 \times 10^5 Pa$（2～3 个大气压）的条件下反应 3～4h 后,冷却、过滤、分装即得成品。

产品特点:本品具有优异的高温抗气阻性和低温流动性、抗氧化性、抗腐蚀性和防霉性;生产方法操作简单,生产过程一步完成,简化了生产程序,提高了生产效率。

实例 418. 醇醚硼酸酯型 DOT4 制动液

原料	配料比(质量份)
醇醚硼酸酯	15～30 份
多乙二醇醚	34～69.97 份
多元醇	15～35 份
pH 调节剂	0～2 份
抗氧化剂	0.01～4 份
缓蚀剂	0.01～2 份

制备方法:将原料在 70～75℃下搅拌约 50min,待固体完全溶解后,降温至 40℃后经过纤芯过滤、分装即得成品。

产品特点:本品具有很好的高温抗气阻性、低温流动性、抗氧化性、抗腐蚀性,制备方法简单,生产过程一步完成,提高了生产效率。

实例 419. 机动车制动液组合物

原料	配料比(质量份)
聚烷撑乙二醇醚	49～59 份
聚烷撑乙二醇醚硼酸酯	40～50 份
抗氧剂	0.1～3.0 份
金属钝化剂	0.01～0.5 份
腐蚀抑制剂	0.1～3.0 份
抗泡剂	0.0005～0.05 份

制备方法:将聚烷撑乙二醇醚硼酸酯和聚烷撑乙二醇醚混合搅拌、脱水后,得到第一混合液;将抗泡剂、抗氧剂、金属钝化剂、腐蚀抑制剂和第一混合液混合搅拌、脱水后,即得到机动车制动液组合物。

产品特点:由本品制得的机动车制动液高温条件下不产生气阻,

低温条件下具有优异的流动性能,性能全部满足或超过 GB 12981—2012 HZY6 指标,极端低温条件下仍能够正常传递制动能量。

实例 420. 高级酯型制动液

原料	配料比(质量份)
多乙二醇甲醚	5 ~7.0 份
三羟基聚氧化丙烯醚	0.5 ~4.0 份
三乙二醇乙醚硼酸酯	50 ~78.0 份
甲基苯丙三氮唑	0.2 ~1.0 份
N - 苯基吗啉	0.3 ~1.5 份
2,2 - 二(4 - 羟基苯基)丙烷	0.5 ~2.0 份
硫代二丙酸双十二醇酯	0.04 ~2.1 份
4,4' - 亚丁基双(6 - 叔丁基间甲酚)	0.1 ~1.1 份
2,2' - (环己基亚氨基)二乙醇	0.5 ~2.1 份
pH 调节剂	适量

制备方法:将各组分依照配料比按该类产品常规生产方法制备。

产品特点:本品不仅具有高的干湿沸点,还具有良好的低温运动黏度,还可以满足 600h 的耐久金属腐蚀实验要求,能够满足并且高于 GB 12981—2012 的要求,对水不敏感,应用在醇醚配方中也有良好的耐腐蚀效果。

(十四)堵漏剂

实例 421. 水溶性聚氨酯堵漏剂

原料	配料比(质量份)
甲苯二异氰酸酯(TDI)	95 ~120 份
水溶性聚醚 523	37 ~50 份
水溶性聚醚 521	190 ~215 份
增塑剂(二丁酯)	75 ~90 份
聚醚 3050	45 ~60 份

酒石酸	0.30~0.70 份
三氯乙烯	38~218 份
丙酮	0~150 份

制备方法:先将水溶性聚醚 523、521 和聚醚 3050 及二丁酯按配比投入釜中,然后加入甲苯二异氰酸酯,生成预聚体,在温度 50~60℃时,再加酒石酸和 45 份三氯乙烯,然后或者生成无溶剂水溶性聚氨酯堵漏剂,或者加入小于 5 倍首次加入量的三氯乙烯,生成阻燃型水溶性聚氨酯堵漏剂,或者加入丙酮,搅拌配制成水溶性聚氨酯堵漏剂。

产品特点:本品能有效地对地下工程、隧道、水库等堵漏和地基加固,或者公路铁路的护坡,施工简便,可灌性好,清洗设备方便。

实例 422. 堵漏剂

原料	配料比(质量份)
熟料	90~94 份
硬石膏	2~3 份
化铁炉渣	3~7 份
塑化剂	0.02~0.04 份
促强剂	0.005~0.009 份

注:本品以生料经煅烧所得以无水硫铝酸钙(C4A3S)、铁铝酸四钙(C4AF)为主要矿物成分的熟料。

制备方法:将原料进行初步混合,使用平行双螺杆挤出机进行配混,挤出温度为 130~160℃;再利用风送或者上料系统将挤出机挤出的粒料送入模面造粒机中进行造粒,得到颗粒直径 1~8mm,长度 2~10mm 的堵漏剂颗粒。

产品特点:本品具有速凝、早强、防渗、抗漏和微膨胀性能,开发利用了工业废渣,降低了水泥生产成本,缩短了施工工期,具有较高的推广应用价值。

实例 423. 快速堵漏剂

原料	配料比(质量份)
高铝水泥熟料	70 ~ 80 份
石灰	0.2 ~ 1.0 份
碳酸锂	0.01 ~ 0.05 份
明矾石	5 ~ 15 份
石膏	10 ~ 20 份

制备方法:将上述原料混合粉磨至比表面积大于 $400m^2/kg$,然后按照该类产品的常规生产方法制备。

产品特点:本品具有凝结硬化快、强度高、膨胀不收缩、止水性能好等优点。

实例 424. 油井封窜堵漏剂

原料	配料比(质量份)
硫铝酸盐水泥熟料细粉	50 ~ 60 份
二水石膏粉	5 ~ 8.4 份
膨润土	34.1 ~ 40 份
木钙	0.5 ~ 1 份
硼酸	0.4 ~ 0.6 份

制备方法:将各组分按配料比按照该类产品的常规生产方法制备即可。

产品特点:本产品具有"固水不固油"的特性,减少含水率,提高封窜堵漏调剖效率和原油产量。对采油过程中遇到的层间窜和油层中由于长期注水驱油形成的大孔道效果显著。浆液在可泵时间内流动性好,不易产生失重。在 30 ~ 50℃地温条件下,初凝时间大于 2.5h,终凝小于 3h,初凝到终凝的时间小于 30min,早强快硬但具有"快硬不快凝"的特点,24h 抗压强度可达到 10MPa 以上。可根据不同的油井地质条件配制不同稠化时间的封窜堵漏浆液。并具有耐腐蚀性和抗渗透性,生产成本低,价格性能比高,易于大量推广应用。

（十五）尾气净化剂

实例425. 汽车尾气净化剂（1）

原料	配料比（质量份）
丁酸二辛酯	30~60 份
正己醇	10~20 份
三聚氰酸	5~15 份
氢氧化钠	1~5 份
硫酸铜	1~5 份
Pt—Rh 合金	10~30 份

注：所述丁酸二辛酯、正己醇、三聚氰酸、硫酸铜、氢氧化钠的纯度在99份以上，所述 Pt—Rh 合金中 Pt：Rh 为（1：1）~（5：1）。

制备方法：将各组分按配料比按照该类产品的常规生产方法制备即可。

产品特点：本品的组分价格都不贵，而且制作相对简单，兼具润滑、助燃的作用，对尾气吸收的效果明显。

实例426. 汽车尾气净化剂（2）

原料	配料比（质量份）
甲醇	30~55 份
280 号溶剂油	25~45 份
C_{12}~C_{18} 烷基二乙醇酰胺	8~23 份
乙醇	10~19 份
丙酮	1~4 份

制备方法：将各组分按配料比按照该类产品的常规生产方法制备即可。

产品特点：使用时，将120mL 净化剂加入油箱；然后将450mL 的汽车尾气净化剂（验车宝）从发动机橡胶进气真空管中通过设备吸入到发动机燃烧室中，其中280 号特种溶剂油的作用主要是清洗进气道和燃烧室的油泥、积碳;甲醇、乙醇的作用主要是在发动机燃烧室燃烧时能产生氧离子,与丙酮、烷基二乙醇酰胺燃烧时产生烷基自由基结合,能更有效地去除三元催化转化器的表面覆盖物,全方位清洗油路、进气、排气等系统,大大降低尾气排放、提升动力。

实例427. 汽车尾气净化剂(3)

原料	配料比(质量份)
尿素	10~30 份
阻垢剂	0.1~2 份
缚酸剂	0.5~15 份
缓蚀剂	0.01~1 份
pH 调节剂	适量
水	补足 100 份

制备方法:将各组分按配料比按照该类产品的常规生产方法制备即可。

产品特点:本品配方设计合理,其与汽车尾气净化装配和使用不仅能有效的去除汽车尾气中的严重污染环境的有害物质 NO_x 和 CO,而且在配方中所添加的阻垢剂、缓蚀剂,能够起到非常好的缓蚀效果,有效防止金属材料的锈蚀,起到保护汽车尾气净化装置从而延长使用寿命。

实例428. 汽车尾气净化剂(4)

原料	配料比(质量份)
乙醇	30~45 份
异丙醇	28~40 份
丁醇	22~30 份
消烟剂	1~4 份
润滑剂	1~3 份

制备方法:将各组分按配料比按照该类产品的常规生产方法制备即可。

产品特点:本品能很好地降低汽车尾气中有害物质的含量,其净化效果优异、原料易得、成本低廉且使用方便,更易于推广使用并为人们所接受。

实例429. 汽车尾气净化剂(5)

原料	配料比(质量份)
十六酸十六酯	50~80 份
二十二酸甲酯	30~50 份
十八酸十八酯	5~8 份
十二烷基苯磺酸胺	2~4 份
十八烷基磺酸胺	1~3 份
磺基苯	2~5 份
季戊醇	1~3 份

制备方法:将各组分按配料比按照该类产品的常规生产方法制备即可。

产品特点:本品目的在于解决目前使用的添加剂,通常大量采用芳烃作为溶剂,其毒性大,同时还会严重污染环境的问题。本品制备的净化剂,效果好,同时毒性小,能够有效减少对于环境的破坏。

(十六)防锈剂

实例430. 金属件煮黑防锈剂

原料	配料比(质量份)
醋酸异戊酯(或乙酸乙酯)	68~73 份
油溶(性)黑色素	0.5~0.8 份
A-1 硬膜防锈油	25~31 份

制备方法:将其混合均匀即可使用。在常温条件下将金属件浸入上述溶液中 10~20s 后取出,待自然晾干即成。

产品特点:经处理后的工件,在一般条件下 2~3 年不会生锈,盐雾试验在 6h 以上,成本仅为旧工艺的 1/6。

实例431. 金属表面防锈剂

原料	配料比(质量份)
醇酸树脂清漆	30~40 份
甲苯	28~30 份
乙酸乙酯	20~30 份
异丁醇	10 份
铝粉	0.5~1.5 份

制备方法:将各组分置于容器中,搅拌混合均匀后,取10份上述混合液加入2~4份喷射剂(质量份数),装罐即制成气雾剂。

产品特点:本品可将传统醇类防锈漆的电化学机理改为漆膜屏蔽的防锈机理,它可广泛用于金属焊接坡口的防锈,无须打磨直接焊接,可减轻劳动强度,提高劳动生产率。

实例432. 汽车水箱除垢防锈剂

原料	配料比(质量份)
硫黄粉	0.7~1.25 份
红磷粉	0.1~0.3 份
水	98.45~99.2 份

制备方法:将各组分按配料比按照该类产品的常规生产方法制备即可。

产品特点:本品配方简单,性能稳定,可以长期添加在水箱中使用,不会对水箱造成腐蚀并且可以有效地防止水垢和铁锈的形成,使用安全,价格合理。

实例433. 黑色金属气相防锈剂

原料	配料比(质量份)
磷酸氢二铵	17 份
碳酸氢钠	6 份
亚硝酸钠	27 份
水(30~40℃)	50 份

制备方法:将碳酸氢钠加入水中,搅拌溶解后,再加入磷酸氢二

铵、亚硝酸钠,搅拌至全部溶解。可采用浸渍或刷涂本剂于防锈物后再包装密封。

使用方法:使用前,应将金属表面去污、除油并干燥后进行防锈。由于本剂是混合型的气相防锈剂,大多采用以溶液或涂纸等形式,并加以包装密封后使用。若以溶液使用,可采用浸渍或刷涂后再包装密封。使用时应注意:由于本剂在空气中易挥发,使用时必须要注意密封包装。

产品特点:本品能有效地将成本、效果及气相结合在一起,填补了市场的空白。

实例434. 防锈剂

原料	配料比(质量份)
油性蜡	4～8 份
凡士林	6～10 份
石油磺酸盐	1～3 份
酰胺类气相防锈剂	0.5～2 份
煤油	3～5 份

注:防锈剂的物化技术指标:外观棕色可流动的黏稠液体,指干时间 0.1～1h,固化时间 12～24h,固含量 41～45 份,黏度 100～1000 mPa·s、中性盐雾试验:1000h 以上。

制备方法:将各组分按配比按该类产品的常规生产方法制备即可。

产品特点:本品在金属表面形成三重防护膜:油性防锈剂的极性基团紧密吸附于金属表面,形成第一重防护;弥漫于蜡层与油性防锈剂之间的酰胺类气相型防锈剂,产生正电荷,形成防护空气层;最外层的蜡起到物理阻挡作用。本产品防锈性能优异,完全能满足海洋运输及室外暴露防锈、防腐的需要。

（十七）焊接剂

实例 435. 具有优异可焊接性的碱性药芯焊丝

原料	配料比（质量份）
Ti 和 Ti 的氧化物（换算成 TiO₂ 的数值）	0.3~3.0 份
Si 和 Si 的氧化物（换算成 SiO₂ 的数值）	1.0~2.5 份
Mg 和 Mg 的氧化物（换算成 MgO 的数值）	0.1~1.5 份
Mn 和 Mn 的氧化物（换算成 MnO 的数值）	1.5~4.0 份
Al 和 Al 的氧化物（换算成 Al₂O₃ 的数值）	0.2~1.5 份
Zr 和 Zr 的氧化物（换算成 ZrO₂ 的数值）	0.1~1.0 份
CaF₂	0.2~3.5 份
K₂O	0.01~0.5 份

制备方法：将各组分按配料比按照该类产品的常规生产方法制备即可。

产品特点：本品具有低碳钢或合金钢外皮，外皮中填充熔剂。具有优异的抗裂性和低温韧性，并在所有焊接位置表现出优异的焊接加工性，保证提高焊接工作的效率。并且本产品的碱性药芯焊丝即使在100 份 CO_2 保护气体下也表现出优异的焊接加工性。

实例 436. 焊接溶剂

原料	配料比（质量份）
松香	9~28 份
乙胺	0.9~1.8 份

盐酸苯胺	2.8~6.6 份
盐酸间苯二胺	1.8~7.5 份
盐酸乙二胺	3.7~9.4 份
乙醇	补足 100 份

制备方法:将各组分按配料比按照该类产品的常规生产方法制备即可。

产品特点:本品用以解决现有技术中焊后残留物呈酸性,腐蚀性强,焊接性能差,造成焊接产品报废等问题,主要用于焊接多种合金材料,特别适合焊接仪表产品。

实例 437. 焊接结构钢的新型焊条

原料	配料比(质量份)
钛铁矿	30~38 份
金红石	12~15 份
钛白粉	1~4 份
白泥	2~4 份
海泡石	8~11 份
长石	8~11 份
云母	5~8 份
大理石	3~6 份
镁钙粉	4~8 份
中碳锰铁	7~10 份
钛铁合金	1~4 份
木粉	1~3 份
山芋粉	1~4 份
微晶	1~2 份

注:湿焊条的烘干方法是以工业煤气发生炉制取煤气,将燃烧该煤气产生的热风作为热源,将湿焊条在 120~200℃ 的高温下进行烘干。

制备方法:将各组分按配料比按照该类产品的常规生产方法制备即可。

产品特点:该焊条用于钢结构的焊接,不仅具有广泛的适用性,而且焊接效率高,焊接速度快。并且生产成本低,解决了烧煤造成的环境污染问题。

实例438. T91 钢焊接工艺用焊丝

原料	配料比(质量份)
金红石	18～24 份
长石	3～6 份
石英	2～5 份
冰晶石	4～8 份
大理石	2～10 份
Ti_2O_3	3～8 份
合金剂	42～50 份
铁粉	补足 100 份

注:以药芯焊丝打底,实心焊丝填充,分层施焊,焊接后热处理。实心焊丝的合金成分为 C 0.08、Ni 0.74、Si 0.13、Mn 1.01、P 0.007、S 0.007、Mo 0.88、Cr 9.06、V 0.18。

制备方法:将各组分按配料比按照该类产品的常规生产方法制备即可。

产品特点:本品的技术进步效果表现在利用药芯焊丝中造渣剂、脱氧剂、合金剂等成分的化学特性打底,优点是管子内壁不用充氩就能起到保护作用,而采用实心焊丝填充和盖面又弥补了药芯焊丝清渣较难和焊接速度慢的不足,减轻劳动强度和提高焊接速度并举,是既快又省的焊接方法。

(十八)玻璃着色剂

实例439. 吸收紫外线黄色浮法玻璃着色剂

占玻璃总质量分数:

Fe_2O_3	0.06%～0.18%
MnO_2	0.3%～0.7%

Co_2O_3	$0 \sim 0.002\%$
V_2O_5	$0.05\% \sim 0.25\%$

制备方法:将各组分依照配料比按该类产品常规生产方法制备。

产品特点:利用本产品着色剂生产的吸收紫外线黄色浮法玻璃,具有高紫外线吸收能力(小于 15%)和相对高的光透射比(大于 70%),适用于建筑物和车辆的窗玻璃材料。

实例 440. 无铜翡翠绿浮法玻璃着色剂

占玻璃总质量分数:

Fe_2O_3	$0.03\% \sim 0.7\%$
Cr_2O_3	$0.02\% \sim 0.3\%$
Nd_2O_3	$0.02\% \sim 2\%$

制备方法:将各组分依照配料比按该类产品常规生产方法制备。

产品特点:利用本产品提供的着色剂生产的翡翠绿玻璃具有以下特性:可见光透过率 51% ~ 55%、太阳光投射比 57.2、主波长 492 ~ 495nm。利用本产品提供的着色剂组成不需在配料中加入任何用于促使着色剂着色的氧化剂,可以避免强氧化剂对大窑的侵蚀,同时减少了 NO_x 的排放,由于采用 Fe—Cr—Nd 混合着色系统,比原翡翠绿的 Cu—Cr 着色系统着色更加稳定。

实例 441. 车用绿色浮法玻璃着色剂

占玻璃总质量分数:

Fe_2O_3 形式的总氧化铁含量	$0.4\% \sim 15\%$
CeO_2	$0 \sim 2\%$
TiO_2	$0 \sim 1\%$

注:其中以 Fe_2O_3 形式出现的总含铁量的 25% ~ 40% 是 FeO。

制备方法:将各组分依照配料比按该类产品常规生产方法制备。

产品特点:加入本产品后的基本玻璃,用 A 发光源在 380 ~ 770nm 波长区域测得紫外线和红外线辐射吸收玻璃的可见光透射比为 70% 或更高,总太阳能透射比低于 50%,在该玻璃的厚度为 3.25 ~ 6.0mm 时,按 ISO 90 规定的紫外线透射比低于 15%。

实例 442. 应用铬矿粉为原料生产的玻璃着色剂

原料	配料比（质量份）
三氧化二铬	5 ~ 70 份
氧化铁	5 ~ 25 份
氧化镁	5 ~ 20 份
氧化硅	1 ~ 10 份
氧化铝	5 ~ 20 份
氧化钙	0.1 ~ 1 份

制备方法：将各组分依照配料比按该类产品常规生产方法制备。

产品特点：采用本产品生产的着色剂在相同发色度的情况下，与传统方法生产的着色剂相比，可以降低生产成本，提高经济效益。同时由于采用生产过程无六价铬污染的铬铁合金，可以减少环境污染。本产品可普遍用于玻璃行业，生产绿色玻璃、茶色玻璃、黑色玻璃等品种，以铬矿粉替代以前常用的铬绿、重铬酸钾、重铬酸钠等化工原料。

（十九）脱模剂

实例 443. 脱模剂（1）

原料	配料比（质量份）
滑石粉	60 ~ 150 份
吐温 - 80	0.1 ~ 3 份
斯盘	0.2 ~ 2.5 份
合成洗涤剂	1 ~ 8 份
海藻酸钠	5 ~ 16 份
防腐剂	0.1 ~ 3 份
稳定剂	0.9 ~ 2 份
水	360 ~ 1200 份

制备方法：将各组分依照配料比按该类产品常规生产方法制备。

产品特点：本品脱模效果好，价廉易得，使用方便，无异味。

实例 444. 脱模剂(2)

原料	配料比(质量份)
硬脂酸	0.8~2.0 份
乳化硅油	2.4~3.4 份
乳化剂	1.0~3.0 份
防冻剂	0.8~1.5 份
碱金属化合物	0.4~1.0 份
水	80~90 份

制备方法:将各组分依照配料比按该类产品常规生产方法制备。

产品特点:本品具有良好的流变性和延展性。使用方便,价格低廉,且无异味,无污染成分,所生产的成形品具有良好的品相。

实例 445. 玻璃成型模具脱模剂

原料	配料比(质量份)
浅色颜料	10~60 份
无定型硅胶粉末	0.1~1.5 份
气相二氧化硅	0.2~2.0 份
聚丙烯蜡Ⅱ有色颜料	1~5 份
颜料级炭黑	1~8 份
氧化铁黑Ⅲ粒合剂	0.3~3 份
脂肪酸甲基–2–氨基乙磺酸钠盐	0.5~6 份
含水的聚乙烯分散体Ⅳ表面活性剂	0~0.4 份
非离子型表面活性剂Ⅴ载液	60~77 份

制备方法:将各组分依照配料比按该类产品常规生产方法制备。

产品特点:采用本脱模剂避免了用油作涂料,载体造成的污染,提高产品质量和成品率,降低成本。

实例 446. 用于不饱和聚酯树脂的内脱模剂

原料	配料比(质量份)
卵磷脂	28~36 份
豆油	18~22 份

亚麻油	18～22 份
可可油	9～11 份
硬脂酸锌	15～19 份

制备方法:先将上述脂与油按比例加入反应釜,在 90～100℃下搅拌 10～15h,使充分互溶,最后加入硬脂酸锌,在 90～100℃下继续搅拌3～5h即得成品。

产品特点:本脱模剂可用于玻璃钢型材压制、缠绕 smc 等工艺,效果极为良好。

实例447. 水基压铸离脱模剂

原料	配料比(质量份)
脂肪醇磷酸酯	1～15 份
高级脂肪酸	5～15 份
蜡	10～20 份
水	补足100 份

制备方法:将各组分依照配料比按该类产品常规生产方法制备。

产品特点:润滑产模性与石墨系相当,制品表面光亮无缺陷,处理性能好,对环境无污染,不损害人体健康,使用方便,成本低廉,易于推广应用等。

实例448. 蒸养混凝土脱模剂

原料	配料比(质量份)
机油	22～27 份
工业皂	8～10 份
粉煤灰	10～15 份
水	50～60 份

制备方法:将各组分依照配料比按该类产品常规生产方法制备。

产品特点:本品具有产品稳定不分层、不沉淀,适于工业化生产,对模具不腐蚀,成本低等优点。

实例 449. 环保型压铸脱模剂

原料	配料比(质量份)
改性植物油脂	30~45 份
乳化剂	8~40 份
防腐剂	0.3~2 份
抗氧剂	0.5~2 份
乙醇	2~5 份
三乙醇胺	1~3 份
去离子水	补足 100 份

制备方法:

(1)将改性植物油脂加入乳化釜,再缓慢加热至 70℃,再加入乳化剂聚氧乙烯失水山梨醇单油酸酯,在 200r/min 的转速搅拌分散 1h。

(2)在上述体系中先加入总水量的 1/6,保持 70℃ 的条件不变,在 1000~1500r/min 的转速搅拌分散 2h。在搅拌状态下缓慢、分批次、少量地加入去离子水,要求必须在加进的水已经充分与体系混溶后,才能再加水。当体系的黏度突然明显变小时,可以将剩余的去离子水全部一次加入,继续搅拌 30min 即制成 A,并冷却到 30℃。

(3)在搅拌分散的同时,用少量水将防腐剂、乙醇、抗氧剂、三乙醇胺配制成溶液 B 待用。

(4)将溶液 B 加入上述已冷却的 A 中,再搅拌 30min。过滤、计量、包装、入库即得。

产品特点:本品具有优良的脱模效果,而且大幅降低了对环境的污染,并节约了石油类不可再生资源产品的使用。

实例 450. POSS 改性植物油乳液脱模剂

原料	配料比(质量份)
植物油	10~20 份
POSS—植物油聚合物	0.1~1 份
乳化剂	1~3 份
消泡剂	0.2 份
稳定剂	0.1 份

| 水 | 补足 100 份 |

制备方法：将 POSS—植物油聚合物分散到植物油中,于搅拌下加入乳化水至乳液转相;所述乳化水是配比量的乳化剂、消泡剂和稳定剂以及部分去离子水经混合得到的;继续搅拌 20min 后将乳化水加完,乳化水的添加总时间控制在 30min,搅拌 20min 后加入余量的去离子水,使植物油的含量为 10% ~ 20%,继续搅拌 20min,即得成品。

产品特点：本品具有良好的脱模效果,剥离性好,脱模后混凝土表面光滑、平整、无缺陷,模具混凝土黏量少,对模板无锈蚀,绿色、环保且对人体无伤害。

实例 451. 水性脱模剂

原料	配料比（质量份）
废机油	6 ~ 8 份
乳化剂	3 份
聚乙烯蜡	2 份
水	适量

制备方法：将回收的废机油经过滤去除废机油的杂质,待用。分别称取去除杂质后废机油、乳化剂、聚乙烯蜡。将称量的去除杂质后的废机油放入搅拌机中,按 90 ~ 110r/min 的转速进行搅拌,搅拌过程中缓慢地倒入乳化剂和聚乙烯蜡,最后加入水,再经过 45 ~ 60min 常温常压的搅拌,制成成品水性脱模剂,最后装桶即得。

产品特点：本品为乳白色糊状液体,无毒无味,不易燃,制备工艺简单,脱模作用好,混凝土表面清洁,造价低、便于操作、不易燃、不污染环境,对铝合金模板和钢模板还能起防锈作用,增强混凝土表面的自养能力。

实例 452. 润滑脱模剂

原料	配料比（质量份）
增黏剂	20 ~ 30 份
分散剂	5 ~ 6 份
溶剂	40 ~ 70 份

| 有机膨润土 | 0.1~1 份 |
| 胶体石墨 | 2~7 份 |

制备方法:上述组分依次混合后即得润滑脱模剂。

产品特点:本品主要用于钢水浇铸中的脱模润滑剂,本脱模剂能降低铸件表面粗糙度,有效防止铸件粘砂、夹砂、砂眼等缺陷,具有提高铸件表面光洁度和模具清理简单方便的效果。

实例 453. 泡沫混凝土预制件脱模剂

原料	配料比(质量份)
废机油	50~60 份
硬脂酸	1.5~1.8 份
脂肪醇聚氧乙烯醚	1.0~1.5 份
片碱	0.02~0.05 份
滑石粉	12~15 份
磷酸	0.01~0.03 份
水(60~80℃)	40~45 份

制备方法:

(1)将硬脂酸放入锅内加热熔化,备用。

(2)按配方量在反应釜内加入水和片碱,在不断搅拌下使片碱溶解。

(3)将熔化的硬脂酸慢慢加入反应釜内碱液中并迅速搅拌均匀,加热升温 50~60℃,制成皂液。

(4)当反应釜内皂液温度冷却至50℃以下时,加入脂肪醇聚氧乙烯醚乳化剂、滑石粉、磷酸搅拌均匀,在此温度下不断加入废机油,并强烈搅拌使其完全乳化,加完后再继续搅拌 30~40min,即可降温出料。

产品特点:采用上述配方制作出的脱模剂脱模时泡沫混凝土预制件表面无油污、无层裂、无棱角缺损,利于二次施工,同时预制件尺寸偏差较小,而且成膜快,生产周期短,提高了工作效率。另外,本产品生产的脱模剂还可以防止木模翘曲变形。

实例 454. 精锻成型用脱模剂

原料	配料比（质量份）
硅胶	8 ~ 12 份
氢氧化铝	35 ~ 45 份
滑石粉	18 ~ 22 份
槿树叶提取液	8 ~ 12 份
分散剂	2.5 ~ 3.5 份
去泡剂	2.5 ~ 3.5 份
稳定剂	3 ~ 4 份
水	补足 100 份

制备方法：将硅胶、氢氧化铝、滑石粉、槿树叶提取液经提纯后，加适量水混合并搅拌均匀；将混合后的溶液放入反应釜中进行蒸馏反应，去除溶液中的水分；经蒸馏（蒸馏温度为 80 ~ 90℃，时间为 90 ~ 120min）后，加入分散剂、去泡剂、稳定剂，并加水补足 100 份，混合均匀。

产品特点：本品适用于铝、铜、钢铁等精锻模具上，制备方法简单，脱模剂中的硅胶具有黏结各组分的作用，同时与氢氧化铝起中和反应，滑石粉、槿树叶提取液均有润滑模具内表面的作用，具有光洁产品表面的效果槿树叶提取液具有清洁、润滑的作用。本品的脱模剂在精锻模具上使用，适于使产品表面光洁，满足精锻要求，同时，不含石墨乳，使用时不会产生石墨粉尘，保护了工作环境，不会对人体呼吸造成影响。

实例 455. 精密铸造用脱模剂

原料	配料比（质量份）
煤油	5 ~ 8 份
320 导热油	20 ~ 25 份
二月桂酸二丁基锡	6 ~ 7 份
氢化三联苯	27 ~ 30 份
丙烯酸丁酯	10 ~ 13 份
脂肪醇聚氧乙烯醚	8 ~ 12 份

钛白粉	3~5 份
生石灰	11~16 份
氧化锌	7~9 份

制备方法：

（1）开启分散机,依次向分散机中加入钛白粉、生石灰、氧化锌和脂肪醇聚氧乙烯醚,分散2h。

（2）将步骤（1）分散后的混合物加入反应釜,当反应釜的温度达到40℃时,恒温反应35min后,将二月桂酸二丁基锡加入反应釜,控制升温速率为4℃/min,当反应釜的温度达到58℃后,加入氢化三联苯、320导热油,继续恒温反应20min。

（3）将步骤（2）所得的混合物自然冷却至20℃,取煤油和丙烯酸丁酯与步骤（2）所得的混合物混匀,即得成品。

产品特点:本品可在50~180℃的范围内可以长时间正常使用,不会出现变质失效的状况,所以型芯表面不会与模具表面发生粘连现象,提高了脱模效果,降低了废品率,且对铸件无腐蚀作用,铸件存放半年以上也不会产生霉斑和腐蚀等情况。

实例456. 铸铁机用脱模剂

原料	配料比（质量份）
高炉瓦斯泥（38~74μm）	20~25 份
烧结机头电除尘灰（38~74μm）	10~13 份
炉前矿槽除尘灰（38~74μm）	16~23 份
大豆油	15~17 份
石灰石	5~7 份
氧化铝	9~10 份
白云石	11~15 份
膨润土	17~19 份
铁红环氧酯底漆	7~8 份
氧化锆	3~5 份
水	800~1000 份

制备方法：

（1）称取大豆油和膨润土在搅拌机中混合搅拌 25min，搅拌速度为 200r/min，混匀得混合物 A。

（2）将高炉瓦斯泥、烧结机头电除尘灰和炉前矿槽除尘灰混匀，混匀后将其在 800℃下焙烧 30min，得到混合物 B。

（3）按质量比称取石灰石、氧化铝、白云石、氧化锆、铁红环氧酯底漆加入混合物 B 中混匀，得到混合物 C。

（4）将混合物 C 与混合物 A 混合，得到混合物 D。

（5）将混合物 D 与水混合，并搅拌均匀，即得脱模剂。

产品特点：本品将钢铁厂的高炉瓦斯泥、烧结机头电除尘灰、炉前矿槽除尘灰这些难以综合利用的废弃物作为脱模剂的部分组分使用，使这些粉尘得以回收利用，极大地降低了钢铁厂的生产成本，且该脱模剂能够有效地附着在铸模的内表面上，在铁水与铸铁模之间形成有效的隔离层，铸铁机不需要额外的敲击即可脱模，铸出的铁锭表面光滑。

参考文献

[1]吴剑平. 精细化工形势分析[J]. 国际化工信息,2004(10),6-7.

[2]徐国想,吴价宝,邓先和,等. 我国中小化工企业发展策略研究[J]. 改革与战略. 2008(05),138-140.

[3]彭明丽,李志健. 精选化工小商品配方与工艺[M]. 北京:化学工业出版社,2010.

[4]李东光. 1000种化工小商品配方与制作[M]. 北京:化学工业出版社,2012.

[5]黄玉媛,陈立志,刘汉淦,等. 化工小商品配方[M]. 北京:中国纺织出版社. 2008.

[6]易建华,朱振宝,李仲谨. 精选实用化工产品300例——原料、配方、工艺及设备[M]. 北京:化学工业出版社. 2007.

[7]潘长华. 实用小化工生产大全[M]. 北京:化学工业出版社,1996.

[8]于子明. 日用化工小产品制作[M]. 天津:天津科技翻译出版公司,2009.

[9]李东光. 150种卫生消杀灭产品配方与制作[M]. 北京:化学工业出版社,2011.

[10]陆婉英,黄青山,励俊. 生物消毒剂研究进展[J]. 中国消毒学杂志,2003(03),231-233.

[11]高东旗. 含氯消毒剂在医疗卫生中的应用[J]. 中国消毒学杂志,1992(01),63.

[12]黄旭华,朱方容,王珍,等. 一种电解生成含氯消毒液对家蚕病原体的杀灭效果[J]. 中国消毒学杂志,2011(04),412-413.

[13]王擎,郑爽英,张驰. 饮用水消毒技术研究与应用[J]. 中国消毒学杂志,2006(04),349-351.

[14]冰清. 实用化工小商品配方精选[J]. 中小企业科技,1997(08),23.

[15]陈红,毛涛. 环保型液体洗涤剂的配制[J]. 河北化工,2003(05),23-24.

[16]傅梅绮. 特效液体合成洗涤剂的试制[J]. 中小企业科技,1996(03),16-17.

[17]吴佛运,李官贤,张华山,等. 空气清新剂及其效果观察[J]. 解放军预防医学杂志,1993(05),357-359.

[18]王南志,付达美,龙泽萍,等. 空气清新剂对空气细菌杀灭效果的试验观察[J]. 中国消毒学杂志,1999(03),169-170.

[19]万晓璐,王苏莉,胡晏,等. 5种避蚊胺缓释制剂实验室驱蚊效果观察[J]. 中国媒介生物学及控制杂志,2007(03),205-206.

[20]汤明,梅书娟,张健,等. 驱蚊露与驱蚊乳的驱蚊效果观察[J]. 中国媒介生物学及控制杂志,1993(03),76.

[21]何东升. 城市生活垃圾填埋场苍蝇密度的控制[J]. 环境卫生工程,1996(04),33-35.

[22]任樟尧,杨天赐,傅桂明,等. 诸暨市蚊、蝇、蟑螂对7种杀虫剂的抗性调查[J]. 中华卫生杀虫药械,2005(06),403-405.

[23]黄求应,薛东,雷朝亮. 白蚁诱食信息素研究进展[J]. 昆虫学报,2005(04),616-621.

[24]陈鹏. 在小粉笔中进行大革命[N]. 大连日报,2011-08-25(A14).

[25]张黎明,辛秀兰. 水性喷墨油墨的研究现状及发展[J]. 包装工程,2010(11),128-131.

[26]王恩飞,崔智多,何璐,等. 我国缓/控释肥研究现状和发展趋势[J]. 安徽农业科学,2011(21),12762-12764.

[27]黄益鸿,周杰良,雷东阳. 不同营养液对水培观赏植物的影响[J]. 湖北农业科学,2010(01),112-114.

[28]崔中敏. 化学冰袋的研制[J]. 上海化工,1996(06),17-20.

[29]马俪珍,孟宪敏. 浅谈宠物食品的开发与利用[J]. 肉类研

究 . 1994(02),8 - 9.

[30]张咏梅,孙雯雯,李培羽. 对驱避剂的剂型及成份的试验研究[J]. 医学动物防制,1996(01),23 - 25.

[31]黄河清,黄小敏. 保鲜剂Ⅱ号对果蔬的保鲜效果[J]. 北京农业,1995(07),15 - 16.

[32]胡立丽. 怎样配制鲜花保鲜剂[J]. 家庭科技,2005(11),20.

[33]谢刚,明扬. 廉价实用水果保鲜剂的自制[J]. 农村科技开发,2002(09),29.

[34]王良玉,郑朕,熊波,等. 几种新型食品保鲜技术的研究进展[J]. 农产品加工(学刊),2011(07),134 - 136.

[35]王凤芹,刘芳,徐为民,等. 细菌素在食品保鲜中的研究进展[J]. 内蒙古农业科技,2010(03),71 - 72.

[36]辜海彬,陈武勇. 皮革防霉及防霉剂的研究进展(续)[J]. 中国皮革,2005(03),23 - 25.

[37]王晓杰,赵金柱,叶娇,等. 两种防霉剂的防霉效果及几种常用原料的防霉效力[J]. 广东饲料,2010(08),14 - 15.

[38]席书娜,尚云杰,李凯琦,等. 浅淡混凝土外加剂的功能及发展趋势[J]. 河南建材,2009(01),19 - 20.

[39]殷仲海. 聚苯乙烯颗粒复合硅酸盐保温隔热材料的研制及应用[D]. 武汉:武汉理工大学,2002.

[40]王莹,朱银洪,罗刚. 保温隔热用超轻集料塑性混凝土的研制[J]. 新型建筑材料,2003(07),35 - 36.

[41]李湘洲. 国内外建筑防水材料的现状与趋势[J]. 房材与应用,1999(04),27 - 29.

[42]魏晓燕,张红卫,王渌江,等. 汽油机节能产品技术与质量分析[J]. 交通节能与环保,2009(01),22 - 23.

[43]程金东,蔡志华,林妙山. 汽油添加剂 MAZ 的节油和排放效果分析[J]. 内燃机与动力装置,2008(06),47 - 50.

[44]党兰生,付兴国. 润滑油基础油发展趋势[J]. 石油商技,2002(02),52 - 54.

[45]刘桂霞．国内基础油市场发展趋势[J]．石油化工管理干部学院学报,2007(01),62-64.

[46]陶佃彬,童秀凤,曹云龙．汽车防冻冷却液的研究进展[J]．材料保护,2007(06),49-51.

[47]孙永泰．汽车制动液的类型与选用[J]．汽车运用,2006(12),31-32.

[48]李有东,黄西林．我国汽车制动液发展现状及趋势[J]．润滑与密封,2005(04),190-192.

[49]杨庆山,兰石琨．我国汽车尾气净化催化剂的研究现状[J]．金属材料与冶金工程,2013(01),53-59.

[50]栗明献,张德军,吴文镶．新型水溶性高分子基钢铁防锈剂的研制[J]．腐蚀与防护,2009(10),717-720.

[51]李志林,韩立兴,陈泽民．环保型水基防锈剂的研制[J]．河北化工,2006(07),13-15.

[52]李银娥,李士江,袁弘鸣,等．Pd稀土合金与316L不锈钢的真空钎焊[J]．稀有金属材料与工程,1997(04),53-55.

[53]何代英．微晶玻璃的着色工艺及其研制[J]．陶瓷,2007(02),33-35.

[54]张斌．新型高效玻璃脱色剂、着色剂研制成功[J]．玻璃与搪瓷,1992(03),33-35.

[55]李昂．脱模剂及其作用机理[J]．特种橡胶制品,2002(04),26-29.

推荐图书书目：<u>轻化工程类</u>

书　名	作　者	定价(元)
【现代纺织工程】		
印染分析化验手册	曾林泉	128.00
纺织品标准应用	吴卫刚等	150.00
生态轻纺产品检测标准应用	周传铭等	80.00
棉纺手册(第三版)	本书编写委员会	230.00
印染手册(第二版)	上海印染工业行业协会	248.00
聚酯纤维科学与工程	郭大生等	100.00
化学助剂分析与应用手册(上、中、下)	黄茂福	550.00
棉印染、色织纺织品手册	肖佩华	90.00
【其他】		
洗衣店经营手册（赠两张光盘）	北京布兰奇洗衣服务有限 公司等编	70.00
国际纺织业标准色卡	施华民	620.00
生态纺织品标准	中国纺织工业协会产业部 组织编写	60.00
纺织品大全(第二版)	上海纺织工业局	80.00
聚酯纤维手册(第二版)	贝聿泷	30.00
染化药剂(修订本)(合订本)	刘正超	100.00
英汉纺织工业词汇(合订本)	本书编写组	50.00
英汉纺织服装缩略语词汇	袁雨庭	80.00
英汉化学纤维词汇(第二版)	上海化纤(集团)有限公司等	80.00
英语化学化工词素解析	陈克宁	28.00
日汉纺织工业词汇	本书编写组	60.00
汉英纺织词汇	曹瑞	80.00
现代纺织词典	安瑞凤	35.00
织物词典	本书编写组	65.00
印染雕刻制版工	劳动和社会保障部 制定	12.00
印染染化料配制工	劳动和社会保障部 制定	12.00
印染丝光工	劳动和社会保障部 制定	11.00
印染烘干工	劳动和社会保障部 制定	10.00
印染后整理工	劳动和社会保障部 制定	11.00
印染洗涤工	劳动和社会保障部 制定	10.00

工　具　书

国家职业标准

推荐图书书目：轻化工程类

书　名	作　者	定价(元)
国家职业标准		
印染工艺检验工	劳动和社会保障部 制定	10.00
印染成品定等装潢工	劳动和社会保障部 制定	11.00
印染定型工	劳动和社会保障部 制定	10.00
印染烧毛工	劳动和社会保障部 制定	10.00
印花工	劳动和社会保障部 制定	14.00
煮炼漂工	劳动和社会保障部 制定	11.00
纺织染色工	劳动和社会保障部 制定	10.00
【印染职工技术读本】		
染色	上海印染行业协会	28.00
织物染整基础	上海印染行业协会	26.00
印染前处理	上海印染行业协会	30.00
印花	上海印染行业协会	28.00
雕刻与制版	上海印染行业协会	26.00
【材料新技术丛书】		
过滤介质及其选用	王维一 丁启圣	50.00
高分子材料改性技术	王琛	32.00
超细纤维生产技术及应用	张大省 王锐	30.00
功能性医用敷料	秦益民	28.00
材料科学中的计算机应用	乔宁	30.00
形状记忆纺织材料	胡金莲等	30.00
高性能纤维	马渝茳	40.00
先进高分子材料	沈新元	32.00
高分子材料导电和抗静电技术及应用	赵择卿等	46.00
化学纤维鉴别与检验	沈新元	48.00
【化学品实用技术丛书】		
水基型喷墨打印墨水	朱谱新等	26.80
特种表面活性剂	王军	29.80
纺织助剂化学及应用	董永春	35.00
离子液体的性能及应用	王军	34.00
化妆品配方设计与生产工艺	董银卯	32.00
造纸化学品及其应用	毕松林	30.00
纺织浆料检测技术	范雪荣	25.00
非织造布用粘合剂	程博闻	30.00

左侧竖排分类标签：国 家 职 业 标 准 ／ 生 产 技 术 书

推荐图书书目：轻化工程类

书　名	作　者	定价(元)
皮革化工材料应用及分析	陈玲	35.00
荧光增白剂实用技术	董仲生	42.00
染整助剂应用测试	刘国良	32.00
经纱上浆材料	朱谱新等	36.00
合成洗涤剂及其应用	唐育民	34.00
家用洗涤剂生产及配方	徐宝财	39.00
【实验室理论与操作实务丛书】		
化学实验员简明手册·实验室基础篇	毛红艳	28.00
化学实验员简明手册·化学分析篇	韩润平	30.00
化学实验员简明手册·仪器分析篇	韩华云	30.00
危险化学品速查手册	王林宏	28.00
轻纺产品化学分析	Qinguo Fan[英]	34.00
【精细化学品实用配方精选】		
表面处理用化学品配方	黄玉媛等	32.00
清洗剂配方	黄玉媛等	32.00
粘合剂配方	黄玉媛等	32.00
涂料配方	黄玉媛等	38.00
化妆品配方	黄玉媛等	42.00
轻化工助剂配方	黄玉媛等	35.00
小化工产品配方	黄玉媛等	38.00
实用化工产品配方与制备(一)	李东光	32.00
实用化工产品配方与制备(二)	李东光	32.00
实用化工产品配方与制备(三)	李东光	32.00
实用化工产品配方与制备(四)	李东光	32.00
实用化工产品配方与制备(五)	李东光	32.00
实用化工产品配方与制备(六)	李东光	35.00
实用化工产品配方与制备(七)	李东光	42.00
实用化工产品配方与制备(八)	李东光	38.00
【涂料与涂装实用技术】		
水性建筑涂料生产技术	陈泽森 刘俊才	36.00
功能涂料及其应用	童忠良等	32.00
涂料与涂装疵病分析	陈素平等	35.00
【分析技术丛书】		
分析技术基础	王玉枝等	30.00

生 产 技 术 书

推荐图书书目：轻化工程类

书　名	作　者	定价(元)
化学分析	王玉枝等	33.00
【塑料加工实用技术丛书】		
塑料制品成型设备与模具	金灿	36.00
塑料制品成型工艺	杨东洁	36.00
塑料制品加工技术	邹恩广	36.00
工程塑料牌号及生产配方	周祥兴	42.00
【塑料加工问答丛书】		
塑料注射成型 300 问	张玉龙等	28.00
塑料挤出成型 350 问	张玉龙等	28.00
塑料吹塑成型 350 问	张玉龙等	28.00
塑料模压成型 300 问	张玉龙等	30.00
【香精系列】		
香料香精生产技术及应用	汪秋安	39.00
食用香精制备技术	周耀华	45.00
烟草工艺与调香技术	许建营	35.00
【现代印刷技术问答丛书】		
胶印技术 400 问	王辉等	28.00
【其他】		
创意手工染	凯特·布鲁特	58.00
化工企业管理	方真	36.00
印染企业管理手册	无锡市明仁纺织印染有限公司	35.00
化工企业生产管理	王春来	30.00
纺织品质管理手册	张兆麟	36.00
现代印染企业管理	吴卫刚等	35.00
漂白手册	[比利时]索尔维公司	22.00
印染技术 350 问	周宏湘	18.00
新型染整技术	宋心远	38.00
羊毛贸易与检验检疫	周传铭等	40.00

（左侧竖排：生 产 技 术 书）

注：若本书目中的价格与成书价格不同，则以成书价格为准。中国纺织出版社市场图书营销中心函购电话：(010)67004461。或登陆我们的网站查询最新书目：

中国纺织出版社网址：www. c‑textilep. com